家风

影响孩子的一生

时素成 ◎ 主编

中华工商联合出版社

图书在版编目（CIP）数据

家风影响孩子的一生 / 时素成主编. —北京：中华工商联合出版社，2024.12. -- ISBN 978-7-5158-4146-5

Ⅰ.B823.1

中国国家版本馆 CIP 数据核字第 2024PA3990 号

家风影响孩子的一生

作　　者：	时素成
出 品 人：	刘　刚
图书策划：	华韵大成·陈龙海
责任编辑：	胡小英　楼燕青
装帧设计：	王玉美
责任审读：	付德华
责任印制：	陈德松
出版发行：	中华工商联合出版社有限责任公司
印　　刷：	三河市九洲财鑫印刷有限公司
版　　次：	2025 年 6 月第 1 版
印　　次：	2025 年 6 月第 1 次印刷
开　　本：	710mm×1000mm　1/16
字　　数：	180 千字
印　　张：	11.5
书　　号：	ISBN 978-7-5158-4146-5
定　　价：	49.80 元

服务热线：010 — 58301130 — 0（前台）
销售热线：010 — 58302977（网店部）
　　　　　010 — 58302166（门店部）
　　　　　010 — 58302837（馆配部、新媒体部）
　　　　　010 — 58302813（团购部）
地址邮编：北京市西城区西环广场 A 座
　　　　　19 — 20 层，100044
http://www.chgslcbs.cn
投稿热线：010 — 58302907（总编部）
投稿邮箱：1621239583@qq.com

工商联版图书
版权所有　侵权必究

凡本社图书出现印装质量问题，请与印务部联系
联系电话：010 — 58302915

编委会

主　编　时素成　传统文化推广者、家风传承倡导者

编　委　吴永生　郑州合众企业管理咨询有限公司董事长、河南家教家风文化研究院执行院长

　　　　　梁金平　北京慧人教育科技研究院院长、SPC 学习模型创造者

　　　　　黄圣恩　企业管理培训师、中华传统文化传播者、终身成长倡导者

　　　　　李　涛　企业管理实战型导师、青少年心灵成长导师、九点阳光课程创始人

　　　　　艾　玉　许昌市孔子书院副院长

　　　　　滕超臣　博思人才创始人、中国招聘服务领域资深专家

　　　　　金云哲　北京思享智汇文化发展有限公司总经理

　　　　　齐夏清　青少年赋能及亲子教育专家、中国东方文化研究会科技赋能文化发展委员会秘书处负责人

　　　　　李尚谋　品牌 IP 商业化专家、文化活动策划专家

　　　　　王一恒　商业体系架构师、资深家庭教育导师

推荐语

《家风影响孩子的一生》深入探讨家风的力量，帮助家长用爱与智慧塑造孩子的品格。书中的优秀理念能帮助孩子健康成长，成就孩子的美好人生！

原搜狐集团总公司培训负责人，搜狐《职场一言堂》栏目总策划、主持人　张文强

家风如星，在孩子的夜空中闪烁着独特的光芒，每一颗星都是一种品德的指引，或明亮或幽微，却都能照亮孩子前行的道路。家风是家庭灵魂，此书详谈了家风对孩子的影响，助力家庭和谐兴旺，值得推荐阅读。

郑州合众企业管理咨询有限公司董事长、河南家教家风文化研究院执行院长　吴永生

家庭是孩子最好的学校，家长是孩子最好的老师，家教是最重要的教育，家训是家教最好的教材，家风是孩子成长最重要的环境。好家长胜过好老师，好家风胜过好学校。期盼天下父母都注重家庭、注重家教、注重家风的建设，做成长型父母，陪伴孩子终身成长，让孩子绽放最好的自己，活出精彩而有意义的人生。

企业管理培训师、中华传统文化传播者、终身成长倡导者　黄圣恩

家风是家庭最宝贵的财富，本书通过丰富的案例与实用的建议，帮助家长营造和谐家庭氛围，让孩子在爱与温暖中茁壮成长！

北京慧人教育科技研究院院长、SPC学习模型创造者　梁金平

家风是家庭的音乐盒，每个音符都是一种教诲，孩子在这美妙的旋律中成长，耳濡目染间谱写出属于自己的和谐乐章。《家风影响孩子的一生》从多方面解读家风，对家庭教育有着深刻的启发，值得推荐。

企业管理实践型导师、青少年心灵成长导师、九点阳光课程创始人　李涛

《家风影响孩子的一生》从理论到实践，为家长提供有效指导，帮助孩子建立自信与责任感，成就美好未来！

许昌市孔子书院副院长　艾玉

《家风影响孩子的一生》以家风为核心，结合传统文化与现代教育理念，为家长提供实用方法，助力孩子全面发展，走向成功！

博思人才创始人、中国招聘服务领域资深专家　滕超臣

家风犹如独特的气候，孩子如同生长其中的植物，在适宜的家风气候里，或茁壮成长为参天大树，或绽放成娇艳的花朵。《家风影响孩子的一生》展示优良家风，对建立好家风、教育孩子很有帮助。

北京思享智汇文化发展有限公司总经理　金云哲

家风是孩子成长的基石，本书深入探讨了家风的力量与传承，帮助家长在日常生活中有意识地培养良好家风。通过丰富的案例与实用的建议，书中为家长提供了宝贵的家教智慧，助力孩子在和谐的家庭氛围中健康成长。

青少年赋能及亲子教育专家、中国东方文化研究会科技赋能文化发展委员会

秘书处负责人　齐夏清

家风是学风作风的基石，是家庭教育的重要保障，更是孩子人格养成的关键力量。通过弘扬传统优良家风，不仅可以提升家庭幸福感，更可以促进社会的和谐进步。《家风影响孩子的一生》讲述了无数先贤的优秀家风故事，该书值得广大家长阅读与借鉴，相信它能为更多家庭在家风建设方面提供有益的帮助。

民航科普教育专家、传统文化传播者　任翔

家风是孩子成长的指南针，本书通过理论与实践相结合，为家长提供科学育儿方法，助力孩子快乐、阳光地成长！

品牌 IP 商业化专家、文化活动策划专家　李尚谋

《家风影响孩子的一生》以家风为核心,结合传统文化与现代教育理念,为家长提供实用工具,帮助孩子塑造优秀品格!

商业体系架构师、资深家庭教育导师　王一恒

序

家风，是一个家的风气，也是家庭文化的重要组成部分。

家风会潜移默化地影响每一个家庭成员，所以我们应该确保它是正确的，否则后果会很严重。好的家风能够培育出健康的思想、和谐的家庭，使家庭或家族持续兴旺；不好的家风则会使家庭成员产生错误的思想，放大或激化家庭成员之间的矛盾，让大家陷入内耗当中，让家庭或家族衰败。

在历史的长河中，很多名人对家风传承很讲究，也很重视。孟子说："人之有道也，饱食、暖衣、逸居而无教，则近于禽兽。圣人有忧之，使契为司徒，教以人伦：父子有亲，君臣有义，夫妇有别，长幼有序，朋友有信。"这是孟子对于家庭风气的一种教导。孟子的家风很好，孟母为了教育孟子，有著名的《孟母三迁》的故事。孟母用言传身教，形成正确的家风，教育孟子该如何去学习，并要求他有自强不息的精神。孟子也不负孟母的期望，最终成为一个优秀的人。

其实，很多人之所以优秀，是因为他们在良好的家风环境中长大。良好的家风影响了他们的行为习惯，使他们逐渐变得优秀起来。他们的家风影响着一代又一代的人，让他们的家族人才辈出。我们应该清楚地看到，这是家风的力量。如果我们能学习这些好的家风，我们的家庭也会变得更好、更和睦。我们的孩子耳濡目染，也能形成正确的观念，养成良好的习惯，将来也会成为对社会有用的人。

古人经常说"富不过三代",很重要的一个原因,就是良好的家风没能传承下去。无论家庭是贫穷还是富有,我们都应该充分重视自己的家风,让家风始终保持正能量,并将它传递下去。孩子的心灵就像是一块未经开垦的土地,如果我们不想让它长满杂草,就应该给它种上庄稼。良好的家风可以培植美德,将美德种进孩子的心田。

本书将优良家风呈现给读者,力求帮助每一个家庭建立起良好的家风。家风如阳光,可以照亮每个家庭成员的内心,让人心中充满温暖;家风如朝露,让家庭保持澄澈,让人心中舒泰;家风如春雨,润物细无声,让人传承先贤的意志;家风如明灯,指引人前行的方向;家风如镜子,能正我们的观念,让孩子有榜样、有信仰、有力量,更容易成才;家风如尺子,能塑造良好的品格,让人有道德;家风如典籍,能成为标准,让人有规则可以遵循;家风如茗香,古往今来的优秀家风能成为我们的借鉴,让我们的家风变得更好。

家风对一个家庭来说极为重要,希望大家在读过本书之后,对家风有一个更加深刻的认识,对家庭教育的重要性也有更深刻的理解和认同。调整自己的家风,纠正自己的观念,让家庭拥有好家风,也让自己的家庭变得更加和谐、兴旺。

目录

第一章 家风如阳光,照亮人心田

家风是一个家庭的灵魂 / 002

好家风铸就好人生 / 005

良好的家风能温暖人心 / 008

家风绵长,可以惠泽千万家 / 011

一门好家风胜过千万名校 / 014

第二章 家风如朝露,构筑和谐家庭

好家风是一个家庭最好的传承 / 018

优秀家风成就幸福家庭 / 021

家风是家庭最宝贵的财富 / 024

和谐家风促进家庭和睦 / 027

家风好才能家兴旺 / 030

好家风让家庭充满爱的氛围 / 033

第三章 家风如春雨,润泽后世子孙

好家风是真正能传给后代的"好基因" / 038

功在当代,利在后代 / 041

家风可传百年 / 044

家风影响家族发展的好坏 / 047

家风是名门望族的成功密码 / 050

好家风给家族世代树立价值准则 / 053

第四章　家风如明灯，指明前行之路

好家风是通往成功的阶梯 / 058

良好家风营造良好学风 / 061

勤奋家风熏陶孩子心灵 / 064

勤俭朴素激发奋发进取的精神 / 067

廉洁家风绘就清白人生底色 / 070

第五章　家风如镜子，教育出好孩子

家风里藏着孩子的未来 / 076

好家风滋养孩子心灵 / 079

良好的家风是给孩子最好的教育 / 082

父母是孩子最好的榜样 / 085

好家风的孩子文明有礼 / 087

民主家风让孩子勇敢快乐地成长 / 090

好家风让孩子在好环境下自我发展 / 093

第六章　家风如尺子，塑造优秀品格

道德是家风的底色 / 098

诚信是立身之本 / 102

孝老爱亲是一种优良家风 / 105

家风正，则人不斜 / 108

品德传家，子孙受用一生 / 111

崇德守礼永不过时 / 114

好家风的核心是向上、向真、向善 / 117

节俭家风是传统美德 / 120

第七章　家风如典籍，做好传承中的建设与修炼

家有正气，家风纯正 / 124

没有规矩，难成家风 / 127

家有爱意，家风和睦 / 130

坚守底线，家风清廉 / 134

言传身教，互相监督 / 137

树立家风需要因地制宜 / 140

坚守好家风贵在知行合一 / 143

好家风要善学、善言、善行 / 147

第八章　家风如茗香，漫品名人传世家风

孔子：诗礼传家，文明兴家 / 152

王羲之：敦厚退让，积善余庆 / 155

诸葛亮：淡泊明志，学以广才 / 158

范仲淹：先忧后乐，清廉节俭 / 161

欧阳修：勤学敬业，克己奉公 / 164

曾巩：正己修德，廉洁爱民 / 166

曾国藩：孝友勤俭，读书明理 / 169

1

第一章

家风如阳光，照亮人心田

家风如阳光，能给人以温暖，并照亮每个家庭成员的内心。

家风是一个家庭的灵魂

都说，家风是一个家庭最宝贵的财富。

在家风好的家庭当中，每个家庭成员都能感觉到温暖，大家相亲相爱，紧密团结在一起。在家风不好的家庭当中，大家的价值观扭曲，家庭氛围也不好，夫妻不和，亲子不睦，家庭矛盾不断。

家风对家庭的影响是根本的影响，十分深远。

俗话说："富不过三代。"之所以会出现这种现象，和家风有着直接的关系。在家风好的家庭当中，家族良好品德可以一直延续下去，子孙也会绵延不绝。所以，完整的话是这么说的："道德传家，十代以上，耕读传家次之，诗书传家又次之，富贵传家，不过三代。"如果家风很好，以道德为准则，这样的家族就会有很大的福气。正如《周易》中所说："积善之家，必有余庆。"

有人说，家庭的兴衰和外界关系很大。然而，家庭的兴衰，家风才是根本原因。在家风好的家庭里，一家人互相鼓励，互相扶持。无论外面遇到了多大的困难，家庭成员都不会互相打击，也不会抛弃彼此。当家庭是一个整体，拧成一股绳，劲儿往一块使时，就会产生强大的力量，使得家庭兴旺起来。

晏婴是春秋战国时期非常著名的人物，官至齐国宰相。虽然他身居高

第一章　家风如阳光，照亮人心田

位，但他平时的生活非常节俭，而且很注重养成良好的家风。即便去上朝，他也常常是"布衣栈车而朝"。在他的言传身教下，他的家人也都是生活俭朴，从不搞奢靡之风。晏婴在即将离世之际，也不忘叮嘱自己的夫人，无论如何都要将这个良好的家风传承下去。

晏婴这个良好的家风很受世人认可。司马迁曾在《史记》中这样说："事齐灵公、庄公、景公，以节俭力行重于齐。"可见，良好的家风不但能使家人形成良好的品格，还能受到他人的广泛认可。

中国人自古就非常重视家风，因为家风是一个家庭的灵魂。把家风管好了，家庭自然会和谐，家庭教育也会变得容易起来。

丰子恺是现代著名的散文家和漫画家，他对孩子的教育非常重视，也对自己的家风十分看重。他说："父亲是孩子的第一任老师，因此父亲对孩子的影响是至关重要的。"

丰子恺在生活中处处约束自己的言行，潜移默化地影响并教育着孩子。当家里有客人到访时，丰子恺就会和孩子说："客人来了要热情招待。在给客人倒茶、添饭时，一定要双手奉上。"为了让孩子们能真正理解他的意思，他还非常幽默地解释说："如果用一只手给客人端茶、送饭，就好像是皇上给臣子赏赐……这是非常不恭敬的。"他还告诉孩子们："要是客人送你们礼物时，可以收下，但你们接的时候要躬身双手去接。躬身，表示谢意；双手，表示敬意。"

正是由于丰子恺非常注重家风以及对孩子的教育，所以他的孩子都拥有了很好的品格。

现如今，人们常常为家庭不和谐而烦恼，也为孩子不好教育而烦恼。

其实，只要把家风搞好，这些事情都不是难题。

不少人可能习惯于用语言来说服别人，但语言的力量有时候往往是不够的。当言传力量不足时，身教是更好的教育。所以，我们才会说"榜样的力量是无穷的"。

不同的家风，会催生出不同的家庭状态。所以，家风要正，不可以歪，它是一个家庭的灵魂。家风不同于讲道理，它不需要争也不需要吵，在无形中就影响了每一个家庭成员的思想和行为。

每个家庭成员都可以在好的家风中得到正能量，变得比以前的自己更优秀。就像与人合作要共赢一样，拥有好家风的家庭也能让大家共同成长。

好家风铸就好人生

每个人的人生是不同的,但幸福的人生是相似的。好的人生并不是靠运气得来的,而是靠自己创造出来的。良好的家风就是创造好人生的一个重要条件。

古人说"性相近,习相远",意思是每个人的本性其实都是差不多的,但是每个人的习性差别却非常大。这种习性的差别是后天养成的,和家风有着极为重要的关系。

家庭是一个人的避风港,而良好的家风则是人生的沃土,让人能够健康成长。在良好家风的影响下,家庭成员之间会很和睦,家庭文化也会很纯正。长辈用言传身教的方式来教育晚辈,以逐渐形成良好的家风,继而代代相传,让每个家庭成员都能在好家风的影响下拥有好的人生。

家庭不是学校,它的教育更多时候靠的并非知识而是文化。家长的品德和素质会影响到家风,让孩子们自觉向他们看齐。

家风对人的影响是无处不在的,细到人的一言一行、一举一动,甚至是一个非常简单的想法的产生。

一个小孩子在吃饭时不小心把碗打碎了,立刻哇哇大哭起来。妈妈看到后很生气,一把拉过孩子,在他的屁股上打了两下。结果孩子哭得更厉害了。妈妈一边收拾打碎的碗,一边教训孩子:"吃饭的时候怎么那么不小心，好好的一个碗，就让你给打碎了！"

这位妈妈带着孩子去朋友家玩，朋友家的小孩不小心打碎了一个杯子。正当朋友家的孩子淡定地拿来扫帚准备打扫干净时，这位妈妈连忙走过去说："我来吧，别让你妈妈看见了打你！"结果，孩子却说："妈妈才不会打我呢！"果然，朋友过来先看了看孩子的手有没有被扎破，然后安慰道："没受伤就好，下次要小心一点。"这位妈妈在看到朋友的反应后，又想起了自己平时的做法，陷入了沉思。

例子中的两位妈妈在面对孩子打碎东西时产生了两种不同的做法，这就反映出了两种不同的家风：一种是把东西看得很重，把人看得很轻；另一种是把人看得很重，把东西看得很轻。

虽然这只是一件微不足道的事，但受到家风的影响，第一位妈妈家的孩子可能会在将来的人生中处处担心犯错，束手束脚，缺乏创造力，承受能力较差。朋友家的孩子却会不惧怕失败，闯劲十足，更容易获得成功。

古人说"天地之间，莫贵于人"，我们的家风应该始终坚持以人为本，将人放在第一位。有了这种思想作为基础，不被世俗的金钱和物质至上的观念影响，一切想法才会变得合理，人的心胸和眼界才会开阔。在这样的家风中成长起来的人，无论是他的观念还是行为都会和普通人的有所不同。实际上，那些成大器的人都是与众不同的，根本原因就是他们更重视人。所以，他们能和别人相处得很好，同时也能和自己相处得很好。

朱伯庐是明末著名的理学家、教育家，他对家风和子孙的教育都非常重视，还专门写了《朱伯庐治家格言》来告诫自己的子孙。他的治家格言和朱熹的《朱子家训》都非常有名，被很多人奉为家训中的经典。

《朱伯庐治家格言》开篇中说："黎明即起，洒扫庭除，要内外整洁。既昏便息，关锁门户，必亲自检点。"可见，他对健康的作息习惯非常重视。因为有健康的作息习惯，才能有健康的身体，还能养成良好的做事习惯。

《朱伯庐治家格言》中很少讲大道理，都是讲一些琐碎的日常小事。起床、打扫、锁门、吃饭、饮酒等，这些普通人并不十分在意的事，在朱伯庐这里却成为要格外重视的事。因为他认为，日常生活中的点滴小事会影响每个人的行为习惯，继而产生不同的家风，然后影响到每个家庭成员的品格，甚至是每个人的人生。

朱伯庐一直教育子孙不能看轻小事，良好的家风正是在小事中形成的。他那句"一粥一饭，当思来处不易；半丝半缕，恒念物力维艰"至今仍是不朽的名言。正是在朱伯庐的影响下，他的家风一直很好，他的后人也是品格高尚的人。

家风对人的影响是无处不在的，无论是人的思想健康还是身体健康。

好的家风铸就好的人生，我们应该对自己的家风格外重视，因为那对我们整个家庭的影响是十分深远的。父亲要对家风负主要责任，及时发现家风中错误的部分，并予以纠正。母亲对孩子的影响也非常大，特别是在孩子小的时候，一般都是由母亲来带，这就要求母亲严格要求自己，对自己的一言一行负责。

孩子生下来是一张白纸，良好的家风会在这张纸上写下最美好的文字，画出最美妙的图画。孩子受到好的家风影响，会形成正确的思想和思维方式，产生良好的行为习惯，这注定了他将来的人生会是好的人生，因为他懂得怎样去做事和生活。

良好的家风能温暖人心

罗曼·罗兰说:"生命不是一个可以孤立成长的个体。它一边成长,一边收集沿途的繁花和茂叶。"

家风就像是一条源远流长的小河,能滋养一代又一代人的心田,特别是在关键时刻能温暖人心,给人积极向上的力量。

有的人仿佛天生就带有一种独特的气质,他们身上总会散发出阳光一样的温暖,让人忍不住想要接近,和他们做朋友。他们不一定有多高的地位、多惊人的财富,但他们身上那种让人如沐春风的气场,令人感到舒服。这样的人大多拥有良好的家风,他们在良好家风的熏陶下,也自带了那种温暖人心的力量。

"三苏"是北宋时期著名文学家苏洵、苏轼、苏辙三人的合称。其中,苏洵是苏轼和苏辙的父亲。他们三人的名气非常大。

苏家的家风非常好,这或许是能让"三苏"都成才的重要原因。苏洵的祖父是一个生意人,但他的生活却很俭朴,赚来的钱大多用来接济穷人了。他做好事从来不张扬,只是默默地去做。苏洵的父亲苏序为人仗义,在眉山闹饥荒时,无偿救济灾民,继承了良好的家风。苏序希望子孙多读书,至于财富,他并不太看重。他说:"吾欲子孙读书,不愿富。"

苏家的家风一直都很重视"人",无论是对自己人还是对外人都很友

第一章　家风如阳光，照亮人心田

善，这是一种有温度的家风。在良好家风的影响下，苏家处处能感受到温暖，苏家人也总是能给人一种温暖的感觉。这或许是"三苏"能那么优秀的原因所在，也是"三苏"被人们铭记的重要原因。

家是给人温暖的地方，当人心感受到温暖时，就能产生正向的能量，使人始终保持对生活的积极态度，继而拥有更好的人生。良好的家风总能温暖人心，特别是当人生活不太如意时，这种温暖便更显得珍贵。

在很多培养出优秀人才的家庭中，家长们都很注重用家风来营造温暖的家庭环境，让每个家庭成员都感受到温暖，特别是让孩子感受到温暖。

周弘是一位著名的家庭教育家。他的女儿周婷婷一出生便双耳失聪，但他却凭借着温暖的家风家教，将女儿培养成才。

周弘对女儿的教育始终都非常温和，他认为家庭教育本就应该是温和的，家庭教育应以"简单、快乐、宁静、亲切、透彻"为特点。当医生告诉周弘，周婷婷以后只能读聋哑学校时，他却并不气馁。他一直鼓励女儿，并训练女儿说话。经过长时间的训练，周婷婷终于可以开口说话了，但由于双耳失聪，她的说话能力比普通人要弱很多。于是，他在教女儿认字、写字时，也将书面语和口语结合起来，一起教女儿。当周婷婷六岁时，她已经认识了两千多个字，比普通孩子还要厉害。

周弘从来不会责备她，反而总是夸奖她非常优秀，是个天才。在他的鼓励与夸奖下，周婷婷总是能积极面对学习和生活，甚至在学校的成绩一直名列前茅。最终，周婷婷成功地从大学毕业，不但拿到了文凭，还成为一个很优秀的人。

周弘认为，父母应该先接纳孩子，然后再因材施教，这样才能将家庭教育做好。父母应该为孩子感到骄傲，这样孩子就更容易成功。我们应该向周弘学习，在家庭中营造出温暖的家风。当孩子从父母那里感受到积极向上的力量时，他们就能更好地成长。

外界常常以身份、地位来评判一个人，家庭则不同，家庭应该始终用良好的家风温暖着每个家庭成员的内心。在这里，没人会以身份和地位来压人，也没人会因为一时的不如意嘲笑他人。这里是温暖的港湾，安抚每个家庭成员的情绪，并给每个家庭成员注入积极的力量。

"孩子，你永远是我的骄傲！"或许每一位父母都应该经常说出这句话。虽然它朴实无华，却能让孩子感受到温暖，让他们充满力量。特别是当孩子处于人生低谷时，这样的鼓励尤为重要。

父母都希望自己的孩子能够更好，但有时候会拿自己的孩子和别人的孩子去比较。其实，只要孩子能够积极上进，他们就已经很优秀了，无须和别人去比。多给孩子鼓励，用良好的家风带给孩子温暖，孩子的生活态度才会更积极，孩子的潜力才能更多地发挥出来。

当然，不仅是孩子，温暖的家风会惠及每一个家庭成员，让所有家庭成员都拥有更强的抗挫折能力，获得更加美好的人生。

家风绵长，可以惠泽千万家

家风看不见摸不着，而人们通常对于看不见的东西会下意识地选择忽视，从而产生一种它不重要的错觉。实际上，家风不仅重要，它的影响还比我们想象中的要大得多。家风不仅会影响我们自己的家族，还会对周围的人产生影响。

古人曾说："修身、齐家、治国、平天下。"这里的"齐家""治国""平天下"，都不是用武力来使别人听从。因为武力是不可靠的，只能使人屈服而不能使人信服。当武力值开始衰弱，统治力不复存在之时，别人也就不会再屈服于你。

古人将"修身"放在第一位的原因是，只有我们把自己做好，家庭成员以及身边的人才能看到什么是真正的好，真正优秀的人应该是怎样的。如此，别人才会主动来学习和模仿，大家也会变得越来越好。

在安徽省桐城市有一个很有名的六尺巷。这个巷子宽两米，长一百米。

据说，清朝大学士张英在京城做官时收到一封家书，里面写着家人因为邻居盖房子欲占张家隙地而产生了纠纷。家人想让他凭做官的权势，把这件事解决掉。但是，张英并没有那样做，而是给家人写了一首诗："千里来书只为墙，让人三尺又何妨？万里长城今犹在，不见当年秦始皇。"意思是，从千里远的地方写一封家书，就只为了院墙这点芝麻大小的事情。

那么，让人家三尺又能怎么样呢？人的一辈子很短，即使是伟大如秦始皇，也不过是白驹过隙般短暂，即使建的院墙像长城一样屹立不倒，也不过是过眼云烟。在有限的人生中，要多在意有意义的事情，而不要斤斤计较这些小事。

家人在读完张英的这首诗时便明白了他的意思：不应该以权势来压人，而是应该以礼待人。于是，他们主动让出了三尺空地。邻居知道此事后，对张英一家佩服不已，也主动让出了三尺空地。于是，六尺巷就这样产生了。

家风影响着自己的家庭，同时也可以影响邻居。例子中的张英通过"礼让"的家风影响到家人，继而也影响到了自己的邻居。正是因为千万个家庭都在以正确的家风互相影响，才能让一个地区乃至国家有很好的风气。

正能量是可以通过耳闻目睹来不断传递的，好的家风就是带着正能量的，并能够影响到周围的人。

四川泸州市纳溪区新乐镇大河村非常重视家风。进到这个村子里，到处可以看到宣传良好家风家训的标语，比如"孝敬老人，严教子孙，尊老爱幼，亲穆存心"。这里还有"家风小院"，村民们可以在这里聆听各种良好家风相关的故事，观看家风相关的小品、歌舞等表演。

大河村共有一千六百多户人家，每年会评选出十几家家风示范户，共计几十家先进典型，还会拍摄家风视频、微电影等，以供大家学习参考。此外，大河村每年都会开展家风相关的大讲堂，分享家风故事，鼓励大家走出"小"家，融入"大"家，用优良的家风相互影响，使得全村的风气变得更好。

在数年时间里，大河村不断进行家风建设，村里的整体风气产生了极大的改变，变得更加文明和谐了。受到这股风气的影响，大河村每一家的家风都很好，大家也都争相向家风示范户学习，让自己家的风气变得越来越好。

一个人的品格可以影响到一个家，一个家的家风可以影响到邻里甚至整个村子。大河村不断开展家风相关的活动，使村里家家户户都有良好的家风，整个村子都变得更和谐了。这是领导者带头传播良好家风的结果，同时也是村子里每一个家庭共同努力的结果。

人们通常会认为自己只是一个普通人，根本影响不到别人。这种观念是不对的。我们每个人都应该尽力去发光发热，勿以善小而不为。每个人不经意间的一言一行，可能会对他人产生很大的影响。都说，良言一句三冬暖，恶语伤人六月寒。一句温暖的话语，可能会让一个对世界失望的人重新振作起来；而一句恶言恶语，就可能助长一个人对世界的厌恶情绪。当所有人都重视自己的行为，重视自己对风气的影响，整个社会的风气才会逐渐变好。

当雪崩的时候，每一片雪花都有责任。不要置身事外，不要听不负责任的人的误导。我们要以身作则，修身齐家，然后用良好的家风影响邻里，继而影响更大的范围。尽自己的能力，去温暖能够温暖到的人。

有人说，世界没有那么美好，但正是那些肯负责任的、不自暴自弃的人，用他们的一双双手缝缝补补，才让世界变得越来越温暖。我们要去做心中有信仰，敢于去影响大多数人的人。当星星点点的优秀家风影响到更多的人，绵延千万年，惠泽千万家，整个世界的风气才会变得更好。

一门好家风胜过千万名校

很多人盲目热衷于名校，挤破头都想挤进去。然而，他们不知道的是，人生中最重要的教育并不是学校教育，而是家庭教育。

从古至今，我国对家庭教育就十分重视。正是在良好家风的影响下，很多人勤奋好学，最终成为非常优秀的人才，也取得了非凡的成就。

沈从文是中国现代著名作家，他的小说受到很多人的喜爱。其实，沈从文并没有接受过太多的教育，只上过小学。他之所以能有这么大的成就，是因为受到良好家风的熏陶。

沈从文祖上是名门望族，但后来家道中落，上完小学之后就没有继续读书。父亲希望他能够去参军，报效祖国，沈从文后来确实也有一段从军经历。沈从文的母亲出生在书香门第，是一位知书达理的女人。她用春风化雨般的家庭教育，让沈从文对中国文化产生了浓厚的兴趣，对沈从文的影响也很深。

尽管沈从文的学历并不高，但优秀的家风让他具备了文人的素养，创作出了《边城》《长河》《湘西散记》等优秀作品。

被誉为"乡土文学之父"的沈从文最终在文坛上取得了巨大的成就，也影响了一大批人。

第一章　家风如阳光，照亮人心田

虽然沈从文学历并不高，但他所取得的成就却是一般人无法比拟的。可见，一门好家风有可能胜过千万名校。

当然，如果有良好的家风，又有学校的良好教育，家族中的人就更容易成才了。现在绝大多数人可以接受良好的学校教育，但并非人人都能有大成就，这与不同的家风影响有很大的关系。在同样的学校教育之下，那些受到良好家风熏陶的人，更容易成为优秀的人才。

钱氏家族是江南的名门望族，人才辈出，有非常多名人。钱学森就是其中之一。他放弃了国外给的优厚条件，又冒着生命危险回到祖国的怀抱，为我们国家作出了巨大的贡献。像钱学森这么优秀的人，并不是只靠学校教育就可以造就的，还得益于良好的家风。

钱氏家族的家风非常好，家训也很严格：利在一身勿谋也，利在天下必谋之；利在一时不谋也，利在万世必谋之；心术不可得罪于天地，言行皆当无愧于圣贤；子孙虽愚，诗书必读，勤俭为本，忠厚传家，乃能长久。

"心术不可得罪于天地，言行皆当无愧于圣贤。"这和普通人盲目崇拜知识不同，真正优秀的家族和人，关注的核心点永远是人的信仰、道德、品行等比学校知识更高等级的内容。

钱氏家族之所以人才辈出，并不是对家族成员有什么知识教育，而是通过家风、家训对子孙进行做人的教育。学校传授的知识会过时，也有可能被证明是错误的，但是家风是一个家庭或家族世代相传的连接准则、行为规范和价值理念，它是人生的基石。

家庭教育要弥补学校教育的不足，教孩子做一个真正的人。让孩子们明白，不要看不起任何人，也不要因为财富、地位、证书、职位去判断一个人。一个人是怎样的人，只与他的人品和道德有关，与其他无关。因为人生而平等。

学校所教授的知识其实人人都可以学,甚至 AI 比人要学得更快、更好,但家风教给人的,是做人的道理,是独立思考、不盲目从众的灵魂,这比任何名校的教育要重要得多。

如果一个人没有独立思考的灵魂,读书再多也是一个"书橱"。而有了家风来补足学校教育的不足,人才懂得区分真知识与假知识,在学习中抓住真理,而不至于迷失在浩如烟海的知识当中,不知如何取舍。

第二章

家风如朝露，构筑和谐家庭

现如今，家庭经济与生活的压力越来越大，家庭矛盾也是层出不穷。要想构筑和谐家庭，需要文化来滋润和润滑，而家风正是家庭文化的载体。

好家风是一个家庭最好的传承

人们常说"富不过三代",就是因为传承的是金钱,而不是好的家风,而只有好的家风才可以让家族经久不衰。

《周易》中说:"积善之家,必有余庆;积不善之家,必有余殃。"意思是积德行善的家族,将来会有很大的福报;积累恶劣行为的家族,将来会有灾祸。我国有很多传承了千百年的家族,即便朝代更替,这些家族也能屹立不倒,正是因为它们将好的家风世代相传,让家人都有良好的道德和品格。

俗话说"三岁看大,七岁看老",又说"近朱者赤,近墨者黑"。家风对人的影响从人一出生就开始了,而且是潜移默化、无处不在的,因此,它对人的影响最为深远和根深蒂固。人一生下来是一张白纸,家风就像是在白纸上最先落下的一支笔。无论一个人在今后接受过怎样的教育,家风就像一栋建筑的地基,稳固而坚定地伴随这个人的一生。

梁焘是北宋时期非常有名的大臣。他不仅为官正直,时常为朝廷举荐优秀的人才,而且对自己子孙的教育也特别严格,要求他们积德行善。

正是由于梁焘注重良好家风的培养和传承,所以尽管后来有不少官员因朝廷的事务遭到贬谪,但他们梁家却始终能够保持兴旺。良好的家风仿佛成了他们家的一个"护身符",能让他们独立于各种"风暴"之外。

在北宋时期，梁家的后人很多都入朝为官，他们家族也因此被人们誉为"梁半朝"。

梁焘的家族之所以能兴旺，和他们家的良好家风传承有很重要的关系。古往今来，那些重视家风传承的家族，一般都能比普通人家兴旺得更久。家训严格，家风纯正，正是这些家族的共同特征。

古人重家风传承，也注重家长的行为。家长不能只是口头宣讲家训，更要身体力行，做给子孙看。梁焘行为端正，严于律己，处处以公事为重，所以，他能成为子孙的榜样，他所推崇的家风也能被子孙传承下去。

明朝官员王稳为官清廉，在老百姓遭遇旱灾歉收时，他果断开仓放粮，救济灾民。其他反对王稳做法的官员认为应该等天子的旨意，王稳对此却不以为意，他觉得救济灾民是每一个官员的责任。王稳为人正直，他心系百姓的精神也深深地影响了他的子孙。后来，王稳的子孙中人才辈出，成为"父子四进士，一门三巡抚"的大家族。他的子孙在谈及家族的兴旺时，都说是祖辈王稳给他们做了好的榜样，留下了好的家风。

好的家风能在白纸上画出道德、人品、格局等做人的基石，让家人拥有变优秀的基因。而坏的家风，则相当于在白纸上乱涂乱画，从一开始就将孩子的一生搞乱了，孩子的思想、行为习惯等都可能会出现严重偏差，继而对他们今后的人生产生巨大的影响，令其难以变得优秀。

林先生家的家风很好，尤其是在对孩子的教育上，更是注重。

林先生教导孩子，有道德的人应该尊重他人，不做恃强凌弱的事情。恃强凌弱包括两种：一种是认为自己比别人更聪明或对某些事更内行，便仗着自己的头脑或信息优势，欺骗、耍弄、嘲笑他人；另一种是仗着自己的身体更强壮或家庭更富裕，就去欺负那些身体不强壮、家庭条件相对不好的人。林先生还告诫孩子要用道德来约束自己，并且要严于律己，宽以待人。

在林先生的教导下，孩子对道德有了深刻的认识，平时做事时沉稳大气，不做违反道德的事情。在遇到有同学做出一些违反道德的行为时，他也会上前阻止。正因如此，林先生的孩子在同学中的口碑很好，大家都愿意和他做朋友，因为和有道德的人相处是一件令人愉快的事情。

古人说："沉稳厚重是第一等品质。"有道德的人总能给人一种沉稳大气的厚重感，林先生用有道德的家风，教育出了一个温和沉稳的孩子。

在短暂的一生中，我们应该不断培养自己的品德，并将良好的品德作为家风，传承给后代。

一切的名利都会随着时间而逐渐消逝，但道德却不会，它可以世代相传，万世不竭。有文化底蕴的人都知道，应该将有道德的家风传承给后代，那样后代才能堂堂正正做人。至于金钱，能留下自然是好，不留下问题也不大，因为授人以鱼不如授人以渔，我们已经将最重要的家风留给后人了，他们足以靠自己的双手创造财富。

优秀家风成就幸福家庭

列夫·托尔斯泰在他的作品中说:"幸福的家庭都是相似的,不幸的家庭各有各的不幸。"幸福的家庭都很相似,它往往是由优秀的家风滋养出来的。优秀的家风能如春风化雨般让每个人都被幸福感包围,每个人都会变得越来越好。

《礼记》中说:"父子笃,兄弟睦,夫妇和,家之肥也。"我国古人很重视治家,除了让家庭成员都拥有良好的品德之外,还要让家庭成员之间能和睦相处,使整个家庭都充满幸福感。

对于治家,孔子强调一个"孝"字,认为应该做到"父父、子子",也就是父亲要做好父亲的事情,孩子要做好孩子的事情。每个家庭成员都把分内的事情做好,家庭就和谐。

孔子对家风的要求很高,子女对父母不但要"孝"还要"敬",父母对子女也应该充分爱护,兄弟姐妹之间要相亲相爱。有了这样的家风,家庭才会和谐、幸福。

司马光在《温公家范》中曾引用孔子的话以及民间谚语来训诫自己的子孙,我们把大概的意思翻译了一下:

孔子说:"不爱亲人而爱别人,这有悖道德;不尊敬亲人而尊敬别人,这有悖礼法。君主教化百姓要孝敬父母,君主自己却总是有悖道德和礼法,百姓就会无所适从。那些不尊敬父母，有悖道德和礼法的人，即便自己很重视德行，君子也不会尊重他们。"所以，一个人如果只爱自己，抛弃了自己的家族，又哪里是真正地爱自己呢？

孔子说："将家中的财产均匀分配，就不会有人贫穷；家里的人和睦相处，家庭就能紧密团结，就不会有祸患。"善于治家的人，把家里的财产平均分配，即便吃不饱，穿着也破旧，没有人会心生怨恨。家庭成员心生怨恨，是因为家长自私且处事不公。

汉朝时有谚语说："一尺布尚且能缝，一斗粟尚且能舂。"大概意思是哪怕只有一尺布，也可以缝制成衣服，大家一起穿，哪怕只有一斗粟，也可以舂成米，大家一起吃。

优秀的家风能够让家庭成员之间和睦相处，让每个人都感受到公平。没有人会因为遭受不公平的待遇而心生怨念，家庭成员之间相亲相爱。在这样的家庭当中，每个人都会感觉很幸福，即便家庭不够富裕，也能一起创造财富。

宗庆后出生在一个普通家庭，没有显赫的家世背景。但是，凭借自己多年的努力，宗庆后将娃哈哈集团打造成中国数一数二的大企业，其中的艰辛可能只有他自己知道。

在教育孩子方面，宗庆后从来不让孩子生活在过于优渥的环境中。他让自己的女儿宗馥莉像普通员工那样，从基层工作做起，熟悉娃哈哈集团的各个岗位。宗馥莉继承了宗庆后的勤奋务实、创新发展、诚实经营和回馈社会等精神，赢得了员工们的拥护，最终成功接管了娃哈哈集团。

宗庆后和女儿的关系一直很好。他用优秀的家风将女儿培养成品格良好、能吃苦耐劳的人，也因此和女儿志趣相同，有共同语言，使家庭和谐幸福。

要创造幸福的家庭，不能只靠金钱，更重要的是要有良好的家风。很多拥有财富的人都懂得家风的重要性，他们会培养孩子独立自主的人格，让孩子学会做人做事。对于家庭财富没有那么多的普通家庭，更要创造良好的家风，让孩子生活在公平的家庭环境当中，使家庭充满幸福感。

现在人们的生活节奏普遍比较快，父母陪伴孩子的时间可能并不多。但只要和孩子在一起，我们就应该让孩子感受到家风的温暖。一有时间就教导孩子，从生活中的点滴小事入手，让孩子成长为尊敬长辈、独立自强的人。

创造幸福的家庭不是某一个人的责任，而是每个家庭成员共同的责任。大家都来努力建设并维护优秀的家风，家庭才会幸福。

家风是家庭最宝贵的财富

对于一个家庭来说，家风是最宝贵的财富。它是全体家庭成员共同努力的结果，甚至需要几代人共同去完善。它无比珍贵，应该世代传承下去。

李晟是唐朝时期的名将，他对家风十分重视，时刻不忘用良好的家风来教育自己的子女。

有一次李晟做寿时，他出嫁了的女儿回来给他祝寿。在酒宴期间，李晟发现有一个侍女在女儿身边耳语。女儿显得很不耐烦，但在侍女的催促下，最后还是离开了宴席。可过了没多久，女儿又从外面回来了，依旧在宴席间谈笑自若。

李晟感觉女儿应该是有什么事情，便把女儿叫到身边询问。女儿表示，刚才侍女说婆婆生病了，她刚才已经派人过去代为看望。李晟听完立即开始批评女儿，告诉她应该回去看望婆婆，如果有什么事情也好当面照顾。对待公婆要像对待父母一样孝敬，这才是李家的家风下培养出来的子孙。女儿听完李晟的话，连忙从宴席离开，回家去照顾婆婆了。李晟也在宴席结束之后，到亲家那边看望。

李晟的家风家教被当时的人们所称道，他教育女儿的故事也传为了美谈。

良好的家风能够使子孙拥有良好的品德，它是家庭最为宝贵的财富。李晟身居高位，他的孩子也可能会因地位较高而难以接受他人的意见。李晟用良好的家风来教导孩子，并在日常生活中耳提面命，使女儿的品行始终保持端正。

蔡元培在《中国人的修养》中说："家庭者，人生最初之学校也。一生之品性，所谓百变不离其宗者，大抵胚胎于家庭中。"不少家庭的家风都经历过生活的检验，是祖辈共同培养出来的。它并非凭空产生，是值得相信的，也是最为宝贵的财富。我们不应该轻易丢弃自己的家风，而应该将家风传给孩子，并让孩子继续传给下一代。

苏洵在《六国论》中说："思厥先祖父，暴霜露，斩荆棘，以有尺寸之地。子孙视之不甚惜，举以予人，如弃草芥。"大概的意思是，祖先披荆斩棘，历尽艰辛，才将宝贵的土地开拓了出来，子孙却把开垦好的土地随意给了别人，像扔掉枯草一样满不在乎。

苏洵对那些不知珍惜祖辈财富的行为感到非常惋惜，这也给了我们一个警示。我们应该重视家风，将家风世代传承下去，因为那是家庭最宝贵的财富。

钱钟书是非常著名的现代作家，他能有那么高的成就，是因为他从小就受到良好家风的熏陶。

钱钟书的父亲钱基博是一位非常有名的国学大师。他酷爱古书，平时也会经常看书、抄书。他对钱钟书的要求特别严格，从小就要求钱钟书多读书，特别是读那些古文名著。

钱基博淡泊名利，一心钻研国学。他治学严谨，做事踏实认真。即便身处战乱之中，但外界的事情似乎和他没有关系一般，他依旧能认真工作。钱基博给自己的家庭培养出良好的家风，这影响了钱钟书，让钱钟书也成了和钱基博品格一样的人。

钱钟书没有忘记将这些良好的家风传给自己的孩子,他的女儿钱瑗更是将父亲的家风完整地传承了下去。

家风是一个家庭最宝贵的财富,那些优秀的人总是不忘把良好的家风传给自己的孩子,并要求孩子将家风继续传承下去。钱钟书之所以那么优秀,和他良好的家风有很大的关系。而他也视家风如珍宝,将其传给自己的孩子。

古人说:"以德遗后者昌,以财遗后者亡。"所以,我们要传承优良家风,用好家风培养有道德、有文化的后人。将家风视为最宝贵的财富,世代相传,我们的孩子才会成长为有文化、有道德的人才,我们的家庭也会一直兴旺下去。

和谐家风促进家庭和睦

"家和万事兴"是中国人经常挂在嘴边的话。和睦的家庭是人人都想拥有的,但要构建和睦的家庭却并不容易。我们要用和谐的家风来促进家庭和睦,这样才能从根本上解决问题,让家庭一直和睦下去。

和谐的家风会在无形之中影响到每一个家庭成员,它不像批评那样严厉,却能规范每个人的言行。正如人们到一个很干净的地方,会不由自主地约束自己,不把那里弄脏一样。当一个家庭形成了和谐的家风,每个家庭成员都会产生维护这一和谐状态的自觉。

和谐的家风能让家庭保持一种健康的状态,有利于孩子的成长。

兄弟子侄同居,长者或恃其长,陵轹卑幼。专用其财,自取温饱,因而成私。簿书出入不令幼者预知,幼者至不免饥寒,必启争端。或长者处事至公,幼者不能承顺,盗取其财,以为不肖之资,尤不能和。若长者总持大纲,幼者分干细务,长必幼谋,幼必长听,各尽公心,自然无争。

这是《袁氏世范》中的一段话,大概的意思是,兄弟子侄们一起居住,如果兄长仗着自己年长欺负年幼的人,将财物独占,只顾着自己的温饱,养成自私的习惯,家里的收支账目情况都瞒着年幼的人,导致年幼的人忍饥挨饿,那就会引起争端。如果年长的人处世公平,年幼的人却不懂事,偷取家中的财物去做坏事，家庭就无法和睦。如果年长的人总管家庭的大事，年幼的人去做一些具体的小事，年长者为年幼的人考虑，年幼的人听从年长者的建议，大家都有公心，家庭就会和谐无争。

从《袁氏世范》来看，想要家风和谐，私心是要不得的。多为亲人着想，不总想着自己，家庭自然就容易产生和谐的氛围。

训曰：凡人持身处世，惟当以恕存心。见人有得意事，便当生欢喜心；见人有失意事，便当生怜悯心。此皆自己实受用处。若夫忌人之成，乐人之败，何与人事？徒自坏心术耳。古语云："见人之得，如己之得；见人之失，如己之失。"如是存心，天必佑之。

这是康熙在《庭训格言》中的话，主要是告诉后人，人要有宽容之心，能够容人。见到别人成功，自己也很高兴；见到别人失败，自己不去幸灾乐祸。有这样的心态，与人相处就会非常和谐。

如果我们能够教育孩子有这样的宽容之心，那么，孩子在和兄弟姐妹的相处中就会很和谐。

孔融是东汉末年非常著名的文学家，有一个关于他的故事广为流传，就是《孔融让梨》的故事。

孔融四岁的时候，和哥哥们一起吃梨。孔融总会把大一点的梨让给哥哥们吃，自己则吃小的。有人问他："为什么那样做？"他回答说："我年纪小，就应该吃小的。"

《孔融让梨》的故事被人们津津乐道，而孔融之所以能这样做，应该是从小受到家风的影响。

小孩子不一定有多少知识，但家风能够让他们在耳濡目染中学到做人和做事的道理，使他们知道该如何与兄弟姐妹相处。于是，就像孔融一样，在不知不觉间就将有可能出现的矛盾化解掉，让家庭成员之间始终保持和睦的状态。

颜之推在《颜氏家训》中说："夫风化者，自上而行于下者也，自先而施于后者也。"家风要由祖辈或者长辈来培养，然后自上而下推行。这样，每一个家庭成员都会受到家风影响。

清朝金兰生编著的《格言联璧》中说："未有和气萃焉，而家不吉昌者；未有戾气结焉，而家不衰败者。"可见，我们培养和谐的家风，不但能使家庭和睦，还能够使家庭更加兴旺。

这和谐的家风将会培养出孩子与人和谐相处的能力，让孩子在今后的学习、生活、工作中表现得更好，对孩子的一生产生积极的影响。

家风好才能家兴旺

人人都希望自己的家庭能够兴旺,而兴旺的家庭需要有良好的家风。

对于任何一个家庭来说,如果家风不好,家庭当中就会产生各种矛盾。如果矛盾比较小,对家庭产生的负面影响还相对较小;如果矛盾比较大,可能会导致家庭生活出现问题,甚至让整个家分崩离析。

良好的家风能够统一家庭成员之间的观念,使大家心往一处想,劲儿往一处使。

太原温氏是一个名门望族,这个家族在历史上人才辈出。

东晋名将温峤,出生在一个动荡的年代,经历了三位皇帝,平过王敦和苏峻的叛乱,内涉中枢、外任方镇,为东晋王朝的创立和巩固立下了汗马功劳;唐初,温彦宏、温彦博、温彦将三兄弟为李唐打下江山,也出了很大的力量,为世人称颂。

在文学领域,温氏家族也出过很多名人。"北地三才"之一,北魏著名文学家温子昇,梁武帝夸赞他的文笔是"曹植、陆机复生于北土,恨我辞人,数穷百六";晚唐著名诗人温庭筠,他和李商隐齐名,合称"温李",他的词风既绮丽浓艳、辞藻华丽,同时又清丽俊逸、清冷幽寂,是"花间词派"的鼻祖。

温氏家族能一直兴旺,是因为他们有着非常好的家风。直到今天,温氏家族的家风家训依旧被温氏族人铭记:"孝父母以报劬劳;和兄弟以敦一本;敬尊长以明礼让;亲九族以昭雍睦;及时祭以隆孝道;勤蘸扫以社侵占;勤耕读以务本业;禁谣匿以修惟薄;息忿争以全身命;崇节俭以免饥寒;肃子弟以振家风;训妻子以兴家道。"

近年来,温氏后人出资对温氏宗祠进行修缮,还要将温氏家族的家风家训继续传承下去,让这个家族继续兴旺下去。

温氏家族拥有良好的家风家训,所以能够一直兴旺、人才辈出。现在的环境虽然和古代不同,但精神方面的内容都是相通的。相信温氏后人会在良好家风的影响下,其家族会变得更加兴旺。

无论是小家庭,还是大家族,家风都对家庭兴旺有着极为重大的,甚至是决定性的影响。在家风好的家庭当中,夫妻之间相互理解,能做彼此坚实的后盾,能在家庭中获得正能量,工作和生活顺心顺意,自然会逐渐兴旺起来。对于大的家族,好的家风则能让大家和睦相处,互帮互助,家族没有内耗,从而不断发展壮大。

某家族的家风一直非常好,大家做什么事都喜欢商量着做。兄弟三人虽然各自成家、各自做生意,彼此之间互不干涉。但是几年之后,他们发现每家都没有太大的起色。于是,兄弟三人找父母商量,看看有什么办法能让家族快速兴旺起来。

经过分析,父母建议他们一起做生意,这样不但能在工作中互相照应,而且还能集中人力、物力、财力扩大规模。于是,经过一番研究,三家开始一起做生意,赚到钱后交给父辈,然后统一分配。几年过去了,他们的生意果然越做越大,家庭也和睦兴旺。

在互联网发展起来之后,他们开始进军电商平台。生意更红火了,每个人也更忙了。后来，他们又开始直播带货，效果也不错。三家也从没有因为财富分配问题产生过分歧。

就这样，这个家族的生意一直红红火火，家族成员也和和睦睦。

例子中的家族能够和睦兴旺，和家风有着很大的关系。在良好家风的影响下，三个家庭能够紧密团结在一起，这样的家族或许一开始并不富裕，但迟早能够兴旺起来。

在移动互联网时代，人与人之间的联系变得更容易了，但人与人之间的距离仿佛变得更远了。在有良好家风的家庭当中，家庭成员彼此真心关心，并互相帮助，每个人内心都不孤独。

在那些兴旺的家庭当中，我们可以看到每个人都很温暖，脸上洋溢着幸福的笑容。那并不是金钱可以买到的，是和谐的家风带来的发自内心的满足。

好的家风是让家庭兴旺的主要原因，它能让原本不兴旺的家庭兴旺起来，也能让兴旺的家庭一直兴旺下去。

我们要努力培养自己的家风，让它变好，并持续下去，这样，我们的家庭才能长久兴旺，并能将这份兴旺世代相传。

好家风让家庭充满爱的氛围

好的家风能够让家成为一个充满爱的地方,这对于当今时代的人来说显得格外重要。

在快节奏的生活中,人们大量的时间被工作占据,留给家人的时间越来越少。成年人多少有点不堪重负,孩子更容易因为感受不到足够的爱意而出现情感方面的问题。我们要用良好的家风,让家庭充满爱的氛围,给孩子一个温暖的家,让孩子敏感而丰富的情感得到满足。

自古以来,很多名人家庭很重视家庭的氛围,会在家风家训中强调要让家成为有爱的地方。

君之所贵者,仁也。臣之所贵者,忠也。父之所贵者,慈也。子之所贵者,孝也。兄之所贵者,友也。弟之所贵者,恭也。夫之所贵者,和也。妇之所贵者,柔也。事师长贵乎礼也,交朋友贵乎信也。见老者,敬之;见幼者,爱之。有德者,年虽下于我,我必尊之;不肖者,年虽高于我,我必远之。慎勿谈人之短,切莫矜己之长。仇者以义解之,怨者以直报之,随所遇而安之。人有小过,含容而忍之;人有大过,以理而喻之。勿以善小而不为,勿以恶小而为之。人有恶,则掩之;人有善,则扬之。处世无私仇,治家无私法。勿损人而利己,勿妒贤而嫉能。勿称忿而报横逆,勿非礼而害物命。见不义之财勿取,遇合理之事则从。诗书不可不读,礼义不可不知。子孙不可不教，童仆不可不恤。斯文不可不敬，患难不可不扶。守我之分者，礼也；听我之命者，天也。人能如是，天必相之。此乃日用常行之道，若衣服之于身体，饮食之于口腹，不可一日无也，可不慎哉！

　　这是南宋时期的大哲学家朱熹留给后人的《朱子家训》。这篇家训一开始先说了君臣，接下来就讲了"父慈子孝，兄友弟恭"等语句，这正是可以使家庭充满爱的方法。由此可见，朱熹对家庭氛围十分重视，要用良好的家风家训来使家庭拥有充满爱的氛围。

　　《朱子家训》受到后人的广泛认可，传播范围很广，证明这家训的含金量很高。朱熹实际上是将治国和治家当成了一回事，他写下这篇家训，并非只为了简单教育后人几句，而是将治家的方法教给了后人。当一个家庭能做到"父慈子孝，兄友弟恭"，这个家庭就会充满爱，它的将来就会发展得很好。

　　鲁迅先生是一位伟大的文学家，被誉为"东方高尔基"。他的文章很好，他的人格也很高尚，这些都离不开他的良好家风。

　　鲁迅先生的家庭曾是大户人家，后来他的父亲生病，家道中落。他的母亲克服种种困难，供养他们兄弟几人。鲁迅先生从小就能感受到母亲浓厚的爱，这也使他学会了坚强。后来，鲁迅先生开始帮着母亲做事，不但肩负起家庭重担，还照顾自己的弟弟们。对于母亲，鲁迅也极为孝顺，除了在物质上供养母亲之外，还很注重母亲的精神生活，时常给母亲买一些她喜欢的小说。

　　有了儿子周海婴之后，鲁迅先生对儿子关怀备至。在给朋友写信时，他总会提到和儿子之间的趣事，每个朋友都能感受到他对儿子满满的爱。

　　鲁迅先生只要一有时间就会陪周海婴玩。周海婴有时很调皮，会在鲁迅先生写作时捣乱，甚至抢走他手中的笔。对此，鲁迅先生却不舍得赶走他，最多只抱怨他几句。可以说，周海婴是在鲁迅先生的宠爱中长大的，他眼中的鲁迅先生是一个很好的父亲。

鲁迅先生的家风很好，他从母亲那里学会了爱，并将这份爱传给了自己的兄弟和孩子。

鲁迅先生的良好家风，让他的家庭始终充满爱，这是他能够品格高尚的一个重要原因。在爱的环绕中成长起来的人，一般心中也会充满爱，对他人也会有怜悯之心，愿意去帮助他人。

一位妈妈邀请她的朋友到自己家里来玩，她还贴心地给朋友们准备了一些蛋糕和零食。当大家正打算开始吃时却发现蛋糕少了一块，而这位妈妈的儿子脸上还沾着一些蛋糕碎屑。

然而，这位妈妈并没有责怪儿子偷吃了蛋糕，而是笑着询问儿子："蛋糕是妈妈给朋友们准备的，为什么突然少了一块呢？是不是你的玩具恐龙趁我们不注意的时候偷吃了呢？"

儿子听了这话，有些不好意思，连忙说道："肯定是它偷吃了，它最喜欢吃蛋糕了。"

这位妈妈点了点头："既然是它偷吃的，那你能不能帮我告诉它，以后如果想吃蛋糕了，可以告诉我一下，我也会给它准备一份。更重要的是，下次可不要再偷吃了！"

儿子郑重地点了点头："我想它一定会记住的！"

这位妈妈并没有批评儿子偷吃蛋糕，甚至没有点破是儿子偷吃的蛋糕。儿子能够感受到妈妈对他的爱，而他的自尊心也得到了保护。这位妈妈用开玩笑式的语言，教育了自己的儿子，效果非常好。

当一个家庭充满爱的时候，家庭教育其实是很容易展开的。在爱的氛围当中，孩子会更愿意接受父母的教育，因为他们能清楚地感受到，父母在为他着想。

有时候，父母会因为对孩子的爱做出一些让步，但要注意的是，不能将这种爱变成溺爱，否则将不利于家庭教育。法国教育家卢梭说："有什么办法让孩子感到痛苦，那就是他想要什么就有什么。"

父母如果对孩子溺爱，孩子可能就会习惯以自我为中心，这就会对培养孩子良好品格带来困难。我们要特别注意，家庭中的爱不可以是溺爱，特别是对孩子，更不可以。

爱别人是一种能力，往往在有爱的环境中成长起来的人，更容易具备这种能力。我们要用良好的家风，让家庭成为一个充满爱的地方，让孩子在爱的氛围中成长为一个懂得关爱他人，同时也是品格高尚的人。

第三章

家风如春雨，润泽后世子孙

春雨无声润泽万物，它和优秀的家风非常像。优秀的家风往往以道德为根本，将道德和一些具体的规矩传给后人，润泽万代。有了优秀的家风为基础，后人无论是学习新知识，还是做新的事业，都会更加容易。

好家风是真正能传给后代的"好基因"

林则徐说："子孙若如我，留钱做什么？贤而多财，则损其志；子孙不如我，留钱做什么？愚而多财，益增其过。"可见，财富并非传家的好选择。大多数的名人不约而同选择了良好的家风家训传家，因为他们知道这才是更值得传下去的"好基因"。

林则徐是清朝后期著名的大臣，是中国近代史上抵抗外国侵略的民族英雄。他说不以财富传家，自然就没太在意留给子孙财富，他只将良好的家风留给了子孙。

林则徐的玄孙林崇墉写过一本《林则徐传》，在这本书中，他表示林则徐留给子孙的家风可以用两个字来概括，即"恬淡"。林则徐虽然位高权重，但他却不慕名利，一心只想着为国家和民族做点事情。

实际上，林则徐家的"恬淡"家风，自林则徐父亲那时就已经确立下来了。林则徐的父亲林宾日对儿子的教育非常重视，在林则徐四岁时，林宾日就将他带到学校去做启蒙教育。别人觉得这也太早了，但林宾日却不这样认为。他觉得林则徐天资聪颖，不能耽误了他学习的时机。

林宾日对林则徐的教育很有耐心，从不打骂，连呵斥一句都没有。林则徐自己也很有定力，没有受到世俗浊气的污染，品格很高洁。在林宾日的教导下，林则徐也有了超然物外的生活态度。就这样，林家的家风培养

第三章　家风如春雨，润泽后世子孙

起来，并传承给了林则徐。

林宾日夫妻对生活水平的要求不高，即便后来林则徐做了大官，他们的吃穿用度还是很俭朴。林则徐想把他们接到身边来奉养，他们也经常拒绝。有一次，母亲不忍心总是拒绝他，就在林则徐身边暂住了一段时间，但依旧是只吃简单的饭菜，穿朴素的衣服。

林则徐对"恬淡"的家风十分珍视，只要有机会，就会对子孙耳提面命。他的子孙也确实将这个良好的家风继承了下来。

大多数优秀的人对钱财看得比较淡，对家风家训则看得比较重。林家从林则徐父亲时起就已经培养出了良好的家风，经林则徐之手发扬光大，传给后代。所以，林则徐的后人能够一直拥有很好的品格，还能写书将林家的家风展现在世人面前。

袁隆平是中国杂交水稻育种专家，被称为"杂交水稻之父"。他对中国的贡献非常大，地位也很高。但他一生艰苦朴素，从不在意钱财。他没有开过豪车，也没有住过豪宅。当国家将别墅奖励给他时，他转眼就将别墅变成了科研室。

袁隆平不但自己生活俭朴，也要求自己的子孙生活俭朴。在一部关于袁隆平的纪录片中，他的三个孙女全都衣着朴素，和普通人家的孩子看不出有什么区别。

袁隆平没有给子孙留下太多的物质财富，他将良好的家风作为精神财富留给了后人。

袁隆平说："一个人一辈子做好一件事就足够了。"他这辈子只专注做了一件事，就是研究杂交水稻。在面对困难时，他不放弃；在面对成就时，他不骄傲。他几十年如一日，就像一个普通农民一样，在田间地头辛勤劳作。他说："我不在家，就在试验田；不在试验田，就在去试验田的路上。"

袁隆平对自己的要求是"一辈子只做好一件事"，他也这样告诫自己的子孙。有了这样的观念，他的子孙也都效仿他脚踏实地地认真做一件事。他的儿子们大多是从底层一步一步干起来的，没有受过额外的照顾。除了专心去做一件事，他们还从袁隆平身上学到了吃苦耐劳、坚韧不拔的良好品质。

越是优秀的人，往往看起来越是质朴，他们的家风往往也很简单、纯粹。当外界纷纷扰扰时，这份简单与纯粹显得非常珍贵。袁隆平一生不慕名利，生活非常俭朴，他的家风影响了子孙后代，让子孙后代也都拥有了勤劳俭朴的良好品质。

古人说："子孙自有子孙福。"我们其实不必担心子孙没钱花，因为他们可以用自己的双手去创造。我们要担心的是他们是否拥有良好的品德。

将良好的家风传承下去，让它成为"好基因"在家族中代代相传，我们就能让孩子们个个都人品高洁，让子孙后代有用之不竭的精神财富。

第三章　家风如春雨，润泽后世子孙

功在当代，利在后代

在做某些事情时，我们可以收到立竿见影的效果，但有些事情则并非一朝一夕之功，需要时间长了才能看到效果。培养良好的家风，正是属于后者。

当我们着手培养良好家风时，我们并不能直接看到效果，要等孩子今后成才，子孙后代人才辈出，才知道它的强大作用。因此，家风是功在当代、利在后代的。

所以，每个家庭都要充分重视家风，努力传承好家风家训。

司马光是北宋时期著名的政治家、文学家。他主持编纂了中国历史上第一部编年体通史《资治通鉴》，这本书和司马迁的《史记》都是中国史书中不可多得的巨著。

司马光非常有才华，同时又身居高位，但他却从来不在意钱财，生活得十分节俭。即便在编修《资治通鉴》期间，他居住的地方也极其简陋，还专门用一个地下室来充当书房。

司马光根本就不在意钱财，他除了做官和编书之外，几乎把所有的时间用在了培养良好家风上。他自己一生清廉，给子孙提供了非常好的榜样。他还写了《训俭示康》以及《温公家范》，给子孙提供了家风家训的准则。

在《训俭示康》中，司马光引用了很多古今经典案例，对孩子进行教育。在《温公家范》中，司马光引用了《易经》《诗经》《大学》等很多经典中的论述，系统地讲解了治家的方法。这本书可以说是中国家训史上的经典，拥有非常独立且完整的一套家庭教育理论体系。它不仅影响了司马光的后人，对整个中国的家庭教育都产生了深远的影响。

司马光认为，《温公家范》甚至比《资治通鉴》还要重要，因为它是教人如何治家的。它能被世人广泛学习，所以价值更高。他还认为"欲治国者，必先齐其家"，只有把家治理好了，才能更好地管理好国家。

司马光虽然身居高位，家里却没有多少钱。他把很多精力放在培养家风和撰写家训上，因为他知道这是功在当代、利在后代的事。

当家风很好的时候，不但一代人能受到影响，家族中的子孙世世代代都会受到影响。古人很明白这个道理，所以格外重视家风家训。很多古代名人都因为注意建立并维护良好的家风，而使自己的家族长久兴旺。

柳公绰是唐朝著名的书法家，也是著名书法家柳公权的哥哥。柳公绰对家风家教十分重视，对孩子们的要求也格外严格，留下了良好的家风。在良好家风的影响下，柳家的子孙人才辈出。

柳公绰生活节俭。有一年闹了灾荒，很多人吃不上饭，老百姓的日子过得十分艰苦。柳家虽然能够吃得起饭，但是柳公绰每顿只吃一碗饭。大家对此感到很奇怪，问他为什么要这样。柳公绰回答说："老百姓们都在饿肚子，我怎么能一个人吃饱呢？"等到灾荒结束，他才恢复正常的饮食。

柳公绰不仅自己节俭，还要求孩子们也要节俭。他经常让孩子们吃野菜，并教育他们说他小时候如果学习不好，父亲就不让他吃肉。他希望孩子们能生活节俭，并且勤奋学习，将来成为优秀的人才。

柳公绰除了教育孩子们要生活节俭、勤奋学习外，还要求他们尊敬长辈。不仅要他们尊敬自己的长辈，还要尊敬所有年纪大的人。后来，即便他的子孙做了官，在对待比自己年纪大的人时，始终都恭敬有礼。柳氏后人为官清廉，面对百姓从不高高在上，正是受到了柳公绰留下的良好家风的影响。

柳氏家训要求柳氏子孙重孝悌、遵守礼法，还要求他们勤俭节约、少说话多做事等。这些都和柳公绰建立起来的家风有着十分重要的关系。

柳公绰为了将家风维护好，付出了很大的努力，时刻不忘对孩子们言传身教。他的努力得到了回报，不但孩子们都很优秀，柳氏家族也延续了这些家风家教，发展得很好。

珍贵的东西不一定立刻就能看到成果，重要的事情本就是不能急的。在做事之前，要先思考清楚，这件事要不要做，要怎么做。凡事要先动脑子后动手，如果还没动脑子就已经急不可耐地动手，就容易陷入错误当中，事倍功半。

功在当代、利在后代的事情，看起来很"笨"，但得到的效果却是好的、长久的。家风就是这样的"笨"功夫。它可能要靠几代人完善，靠千百年传承，但它给家族带来的效果往往是人才辈出，是使家族长久兴旺。为了这样的好结果，我们值得下很大的力气将家风培养好，并传承下去。

家风可传百年

中国人经常会讲"富不过三代"。一方面,这是知道金钱的财富往往不会太长久;另一方面,这也告诫人们要提高警惕,小心财富流失。金钱的财富不容易传承,但家风却可以世代延续,可传百年,甚至千年。

中国古人经常用家风来保证自己的家族传承,使子孙后代都受益。

清河崔氏是一个非常古老的大家族,据说如果一直往上追溯,他们这个家族可以追溯到周朝时期的姜太公那里。清河崔氏是崔氏大家族当中的一个分支,但这个分支就已经非常了不得了。

清河崔氏在西晋时期发展壮大,到了唐朝初年,已经成为一等大姓。这时,无论从社会地位看,还是从家族财富看,清河崔氏都非常强大,甚至连李世民都要对他们另眼相看。

清河崔氏能传承几百年,并且长期保持兴旺,与它良好的家风有重要关系。他们有非常严格的传承制度,非常独特的家风家训,使一代又一代的崔氏子弟成为有才能的人,为家族长期兴盛提供助力。

崔氏家族有一套很完善的家庭教育体系,孩子们从很小的时候,就要接受严格的教育了。他们将《论语》《孝经》等很多儒家经典作为孩子们的必读之书,让孩子们从小就具有很高的道德素养和文化水平。

他们还特别注重让孩子学一些具体实用的知识,包括天文、地理、算术、治国理政等知识。这种系统全面的教育，使崔氏家族的子孙往往都全面发展，有很渊博的知识。这为崔氏子孙将来入朝为官，打下了坚实的基础。

为了让孩子们能学得更好，崔氏家族设立了自己的"家塾"。在这里，会有当世名师来给孩子们上课，教孩子们做人的道理和具体的知识。这就像是一所"贵族学校"，让崔氏子孙有了很高的起点。

崔氏家风除了重视教育，也格外重视祖宗家训，有非常著名的"崔氏四训"："一曰忠，二曰孝，三曰勤，四曰俭。"这四条家训简单明了，其中所包含的内容却十分深刻。有了"忠孝勤俭"的品德打底，崔氏子孙将来就不会太差。

崔氏家族的家风家训都不是束之高阁的内容，每一个崔氏后人都要身体力行，达到家风家训中的要求。正因如此，崔氏家族的家风能一直贯彻在整个家族当中，而他们的家族也历经数百年依旧保持兴旺发达。

崔氏家族的家风传承得非常好，经过数百年之后，依旧非常完整。他们的后人能一直按照家风家训中的要求去做，这是他们能长久兴旺的保证。除此之外，他们还重视学术研究和文化创新，积极参与文化交流和传播，对社会的发展也作出了不小的贡献。

由此可见，优秀的家风不但能让一个家族百年兴盛，也能透过这个家族给整个社会带来正面的影响。

杨震是东汉时期的名臣，因为设馆授徒，培养出了很多弟子，被人们誉为"关西夫子"。杨震对自己的家风家教十分重视，特别是对"清白"二字，更是看得尤为重要。

杨震在做官时，有人趁着夜色，偷偷给他送来了黄金。当对方说这件事没人知道，杨震却告诉他："天知、地知、你知、我知，怎么能说没人知道呢？"于是，杨震拒绝了对方的金子。这件事被人们传为美谈，而杨震一生也始终保持着清正廉洁，用行动维护自己的"清白"。

杨震对自己的子孙家教严格，对于"清白"也格外看重。他的后世子孙几乎都继承了他的"清白"家风，个个生活节俭、为官清廉。他的几个儿子都以清廉名闻天下，他的子孙也都以清廉著称。在当时，只要一提到杨家，世人几乎都会想到他们家的"清白"家风。

正是在"清白"家风的影响下，杨氏家族人才辈出，家族世代兴旺。这良好的家风一直在传承着，历经百年依旧不衰。

财富不容易传承给后代，但家风可以。家风是规矩，同时也可以是一种精神。在良好家风的熏陶下，孩子们仿佛被长辈护佑着长大一样。即便没有人去约束他们，他们也会自己严格要求自己。

如果我们的家庭中有良好的家风家训，那就努力将它传承下去，因为它不仅对我们的孩子有益，对子孙后代也都有益；如果我们的家庭还没有形成良好的家风，就学习古人优秀的家风家训，培养出属于我们的良好家风，然后向下传承。

第三章　家风如春雨，润泽后世子孙

家风影响家族发展的好坏

谁都希望自己的家族能发展得很好，每个家族也都在努力奋进。然而，现实是有的家族发展得很好，有的家族却发展得不好。究其原因，是家风的不同产生了不同的影响，决定了家族发展的好坏。

南朝文学家吴均的志怪小说集《续齐谐记》中有这样一个故事：

京兆田真兄弟三人，共议分财。生资皆平均，唯堂前一株紫荆树，共议欲破三片。翌日就截之，其树即枯死，状如火然。

真往见之，大愕，谓诸弟曰："树本同株，闻将分斫，故憔悴，是人不如木也。"因悲不自胜，不复解树。树应声荣茂，兄弟相感，遂和睦如初。

这故事的大概意思是，在京城地区住了田家的三个兄弟田真等人，他们商量着分掉家里的财产。其他的财产都已经分好了，只剩下了堂前的一棵紫荆树。他们商量把这棵紫荆树平均分成三段。第二天，正当他们准备砍树时，却发现树已经枯死了，样子就像是被火烧过似的。

田真看见之后大感惊愕，对两个弟弟说："这棵树本是同根，听说要被砍成三段，所以就枯死了，这人的感情还不如一棵树啊！"兄弟几人纷纷为之动容，决定不再砍树了。树随着田真的话重新变得茂盛起来，兄弟几人大受感动，于是又恢复到当初那样和睦了。

这个《三田分荆》的故事在很多书中都有记载。它警示我们，如果家风不好，亲人不团结，家族就不会发展得好。紫荆花也因此被人们用来表示亲情，预示着家庭团结、和睦。

在田家兄弟和睦之后，田家人用"紫荆堂"铭来训诫自己的子孙，要求子孙记住这个故事，用良好的家风使家族保持团结。在良好家风的影响下，田家逐渐变得兴旺起来。在今天的关中平原，还能找到紫荆故址"三田村"。

在好家风的影响下，家族成员会团结一致，这样的家族才会发展得更好。

江西修水县陈家是一个显赫的家族。这个家族在近代有陈宝箴、陈三立、陈寅恪三位名士。

陈宝箴是晚清维新派的名臣，在朝中的官职很大，做过湖南巡抚。他领导了湖南新政，影响力很大。当时，很多人反对维新变法，几乎只有他在支持。可见，他是将国家大义放在心中的。正是他的这种品质，影响了他的家风，使他的家风格外高洁。

陈三立是陈宝箴的儿子，他是"维新四公子"之一，清末"同光体"诗派的重要人物。受到家风的影响，陈三立也心怀天下，总想着为国家和民族做点事情。他在当时的影响力也不小，与谭嗣同、徐仁铸、陶菊存并称为"维新四公子"。他做人光明磊落，不但经常为民请命，还创办新学，教育老百姓。

陈三立有五个儿子，都在各自的领域有着显著的成绩。例如：长子陈衡恪，是一个著名的画家，和齐白石齐名；三子陈寅恪学贯中西，在很多国家留学过，和吴宓、汤用彤合称为"哈佛三杰"，还和梁启超、王国维合称为"清华三巨头"。吴宓评价陈寅恪是"全中国最博学之人",梁启超说"陈先生的学问胜过我"。他提出的"独立之精神,自由之思想",直到今天依旧被不少人认可。

陈家可以说是人才辈出,非常兴旺。

家风不但影响孩子的成长,还会影响到一个家族的发展。在良好的家风中,家族成员会紧密团结在一起,发展会更加顺畅;在不好的家风中,家族内部先出现问题,家族成员各自独立出去,不能形成合力,家族发展就会比较困难。

家风好与不好,可能无法一下子就让家族变好或变坏,但在长期的影响下,家族的发展将会因家风而出现明显的差异。我们要深刻认识到这一点,始终使自己的家族拥有良好的家风,从而保证家族能不断延续下去。

家风是名门望族的成功密码

中国历史上有很多名门望族,这些家族历经千百年长盛不衰,其成功密码是拥有良好的家风。

所以,我们要想让自己的家族也像名门望族那样,就要向他们的家族学习,让我们的家风变得越来越好。

陈郡谢氏是中国古代非常著名的一个大家族。谢氏家族在魏晋时期兴盛起来,在当时著名的淝水之战中立下了汗马功劳,成为当时显赫的大家族。谢氏家族出过很多优秀的人才,包括谢安、谢道韫、谢灵运、谢始、谢玄等。

谢氏在数百年的时间里家族显赫、人才辈出,良好的家风正是谢氏家族的成功密码。

谢氏家族在唐朝有众多"粉丝"。诗仙李白对谢灵运极为推崇,在作品中多次提到他。在《梦游天姥吟留别》中,李白写道:"谢公宿处今尚在,渌水荡漾清猿啼。脚著谢公屐,身登青云梯。"这个"谢公"即谢灵运。唐人柳芳将谢氏家族排在六朝贵族中的第二位,他说:"过江则为侨姓,王、谢、袁、萧为大。"不仅普通人认为谢氏家族显赫,连皇帝也认为谢氏家族有很高的地位,无论是齐武帝还是梁武帝,都很看重谢氏家族。

谢氏家族的家风以"孝"字当先,始终贯彻"以孝为本"的家风家训。

第三章　家风如春雨，润泽后世子孙

在谢氏家族十几代人当中，有很多关于"孝"的故事。谢尚"幼有至性，七岁丧兄，哀恸过礼""十余岁，遭父忧""号咷极哀"。谢几卿在父亲获罪流放时"年八岁，别父于新亭，不胜其恸，遂投于江。超宗命估客数人入水救之"。谢蔺"五岁时，父未食，乳媪欲令先饭，蔺终不进""及丁父忧，昼夜号恸，毁瘠骨立，母阮氏常自守视譬抑之"。

正是因为谢氏家族一直坚持"以孝为本"的家风，所以即便经过数百年，家族依然能保持最初的风貌，并且长盛不衰。

成功往往是可以效仿的，家族的成功亦是如此。那些名门望族一直将良好的家风延续下去，就等于是在不断复制先辈的成功方法，使家族能够始终兴盛。古人重视传承，很重要的一部分传承就是那些优良的家风。

不仅是古人，现如今也有很多名门望族由于传承了祖先优良的家风，最终也一直发展得很好。

霍家在香港的名气很大，是一个举足轻重的家族。霍家刚开始并不显赫，在霍英东很小的时候，父亲就去世了，他只能跟着母亲在贫民窟中长大。霍英东从小就懂得吃苦耐劳，学习成绩也很好。后来，他靠自己的努力赚到了钱。有些人在赚到钱之后只想着自己，霍英东却总想着为祖国做点事。

霍英东不仅自己为国家做事，还教育自己的子孙，只要有机会，就应该为国家多做一点事。此外，霍英东在生活中毫不张扬，他也时常教育儿子霍震霆，无论何时都应该保持低调。霍英东对自己严格要求，平时吃穿用度都十分勤俭，家人受他的影响，也没有纨绔子弟的作风。

霍英东能够从贫民窟中走出来，发展出一个显赫的大家族，并保持家族兴盛，他功不可没。在霍家，霍英东就是一个最好的榜样。在他的言传身教之下，霍家的优良家风才得以延续，霍家人也都非常优秀。

当家风好时，一个原本普通的家族也能逐渐兴盛起来，变成名门望族。延续这种良好家风，家族才能持续兴旺下去。

我们普通人大部分都没有显赫的家庭背景，但只要我们能培养良好的家风，我们的子孙后代就能有出息。将良好的家风一直延续下去，我们的后代也可以人才辈出。没有谁生来就强大，名门望族也并非一开始就很兴旺，他们既然可以凭借良好的家风发展起来，我们自然也可以。

任何大事都要先从细小的事情做起，由量变到质变，一个名门望族也是由普通的家族逐渐发展起来的。我们应该对家族的未来充满信心，相信自己的家族可以发展壮大。

从现在开始做起，学习那些优良的家风，严格要求自己的子女，并让子女将良好的家风传承下去。这样，我们的子女也会变得很优秀，我们的家族也会变得更加兴盛。

好家风给家族世代树立价值准则

"蓬生麻中,不扶而直。白沙在涅,与之俱黑。"良好的家风能够使每一个家族成员拥有正确的价值观,不被世俗的观念所侵扰。那些优秀的人,经常会用家风来给自己的家族树立价值准则,使后人的价值观"不扶而直"。

要在家族中树立起价值准则,家长自己要先以身作则,不能让自己独立于准则之外。北宋理学家程颐在《伊川易传》中写道:"治家之道,以正身为本,故云反身之谓……威严不先行于己,则人怨而不服。"当价值准则能约束家族中的所有人时,这个价值准则才会真正有效。

郑氏一族曾被明朝开国皇帝朱元璋钦赐"江南第一家",郑氏家族的家风很好,他们的家规就是非常著名的《郑氏规范》。郑氏家族即郑义门,位于浙江省金华市浦江县郑宅镇。郑氏家族已经在这里合族同居了三百多年,素有好学的风尚和孝义的名声,被称为"廉俭孝义第一家"。郑氏家族的故事不仅被人们争相传颂,还载入了《宋史》《元史》《明史》中。

郑氏家族长期兴旺,族中有一百七十多人为官。只在明朝时期,郑氏家族就有四十七人做官,官位最高的人做到过礼部尚书的职位。令人惊奇的是,郑氏家族有这么多人为官,但从没有人因贪墨而被罢官。

郑氏家族不但人丁兴旺,而且子孙品格高尚,这得益于它良好的家风。

郑氏家族的先辈用家风给子孙树立了价值准则，使后世子孙受益无穷。《郑氏规范》共有一百多条家规，其中，有三条家规专门要求廉政，这让子孙都有了廉政的价值观，继而为官清廉。

当然，《郑氏规范》给郑氏子孙树立的价值观远不止这一点。它主要有三个方面的价值观：一是注重人伦，要求郑氏子孙孝敬父母、兄弟友爱、爱护子女、勤俭持家；二是注重家庭教育，要求教子有方；三是注重人品，要求郑氏子孙拥有高尚的品格。

浙江师范大学法政学院教授毛醒策认为，《郑氏规范》在家风家训的相关作品中有着极为重要的价值。他认为，中国的家训制度，有三部里程碑式的作品：第一个是《颜氏家训》，第二个是《家仪》，第三个就是《郑氏规范》。其中，前两部作品的理论性较强，而《郑氏规范》则更注重操作性，可以将家风准则更好地转变成具体的操作。他还认为，郑氏家族之所以能数百年兴盛，和他们良好的家风有着极大的关系。

郑氏先辈给子孙树立起价值标准，所以子孙后代无论生活还是工作，一直都有标准可依。正如"蓬生麻中，不扶而直"，不需要别人严加管束，自己就懂得约束自己。

古人善于用家风来给后人树立价值准则，近现代的不少大家族也是如此。

宋庆龄的家风很好，她的父母很注重用良好的家风给孩子们树立价值准则。

在宋庆龄很小的时候，妈妈就教育她做人要诚实守信。一次，一家人吃过早饭，准备到一个朋友家去玩。宋庆龄本来很高兴，可她忽然记起她答应了要教好朋友做花篮，所以不能去。父亲看她能诚实守信，很是高兴，当即表扬了她，并让几个姐妹都向她学习。宋庆龄没有跟着父母出去玩，而是在家里等朋友。结果，宋庆龄的朋友却因为临时有事没有来找她。对此，她一点也不后悔，因为她信守了承诺。宋庆龄的一生也都保持着诚实守信的品德。

宋庆龄的父母给家族立下了价值准则，每一个家庭成员都因此受益匪浅。宋家的后人也都发展得很好，宋庆龄更是受到很多人的尊重和爱戴。

优秀的人总是给后人立言立德。宋庆龄的父母教育自己的孩子要诚实守信，这不仅影响了他们的孩子，还对他们的后世子孙带来了积极的影响。宋氏家族能在后来发展得那么好，和此不无关联。

良好的家风能够为家族世代树立价值准则，让先辈的教诲能跨越时间限制，影响到后世子孙。那些做出了非凡成就的人，大多受到了良好家风的影响。无论是从小立志做对社会有用的人，还是形成高尚的品格，都和良好的家风有着千丝万缕的联系。

我们应该学习优秀家族的做法，用良好的家风给孩子树立价值准则，让孩子从小就有正确的价值观。这会影响到孩子今后的点点滴滴，让孩子能健康成长。孩子再将这些良好的家风传承给后代，家族世代的价值准则就此树立起来了。

第四章

家风如明灯，指明前行之路

家风如明灯，给我们指明了前行的方向。优秀的家风不仅能引领后辈之人自强不息，更能激励他们走得更好、走得更远！

家风影响孩子的一生

好家风是通往成功的阶梯

好的家风是指明成功道路的,是通往成功的阶梯。但这绝不是捷径,也不是歪门邪道,而是正道。

古人经常会用良好的家风给子孙后代指明前行的道路,让子孙后代能始终走在正确的道路上,最终成才。

寇准是北宋时期著名的政治家,他一生为官清正,被后世人推崇。

寇准从小就很聪明,八岁的时候就写了一首关于华山的诗:"只有天在上,更无山与齐。举头红日近,回首白云低。"老师觉得他很有才华,认为他将来可能会成为宰相。由于天资聪颖,寇准便开始有些放纵自己。

寇准幼年丧父,母亲靠织布赚钱来养育他。虽然母亲工作很辛苦,但她还是对寇准十分严厉,要求他勤奋学习、努力上进。

在良好家风的熏陶下,寇准没有走上歪路,在苦学中逐渐变得更加优秀,参加科举考试中了进士。当寇准中进士的消息传到家里时,母亲却已经身患重病。她将一幅画交给家里人,叮嘱他们如果将来寇准做官有做错事的时候,就把这幅画拿给他看。

寇准做官之后一路高升至宰相。有一次,为了庆祝生日,他把场面搞得很大,请来了两台戏班,还邀请了很多官员。家里人感觉寇准这样做太铺张浪费了,于是将寇准母亲留下的那幅画拿给他看。寇准将画打开,发现那是一幅《寒窗课子图》，画上有母亲写的一首诗："孤灯课读苦含辛，望尔修身为万民；勤俭家风慈母训，他年富贵莫忘贫。"寇准看了这首诗，顿时泪如泉涌，他知道母亲对他放心不下，担心他走上歪路，所以留下这遗训来提醒他。寇准立即将寿宴撤掉，从此以后为官更加清廉，受到世人称颂。寇准时刻不忘母亲的教诲，一生都为官清正，为民请命，也始终保持了勤俭的良好家风。他也不忘教育自己的子孙，所以子孙也能为人正直。

寇准能够始终走在正确的道路上，最终通向成功，离不开母亲的教诲和良好家风的熏陶。如果优秀的人是一棵参天大树，良好的家风像一把刀，能砍去树上横生的枝杈，让这棵树能笔直向上。寇准小时候因为天资聪颖，便放任自己，母亲用良好的家风纠正了他的行为；在做了大官之后，寇准又有些恣意妄为，母亲用遗训再次纠正了他的行为。正是母亲良好的家风家训，才成就了寇准。

家风能正人的观念和行为，使人通往成功；也能解放人的思想，让人做自己喜欢的事，从而成功。当一个孩子做他喜欢的事情时，他更容易通往成功，而家长应该多给予他们鼓励，让他们能自由成长。

梁启超不仅自己成就非凡，而且还是一位非常成功的家长。在他的影响下，他家的家风很好，教育出来的孩子也都是人才。他有九个孩子，包括建筑学家梁思成、火箭学家梁思礼等，人们说他家是"一门三院士，九子皆才俊"。

梁启超每天都非常忙，不可能时刻陪伴着孩子们，所以孩子们这么优秀，大多受到家风的影响。

他要求孩子们享受生活的乐趣，无论是工作还是生活，都要品出其中的趣味，才有兴趣认真做事。而且，不能一味地闷头做事，适当的放松也很有必要，因为张弛有度才能长久。

他还要求孩子们但问耕耘，不问收获。既要有"事在人为"的努力，又要有"成事在天"的豁达态度。这符合中国文化强调人的力量，并且不急功近利的特点。

他鼓励孩子们勇敢追求自己的理想，不要被世俗认同的成功束缚，但要守老祖宗留下来的规矩。他要求孩子们做自己喜欢的事情，不受教育的影响，追求本心，即便是世俗不看好的领域，只要孩子喜欢，就可以去追求。

梁启超在教育孩子方面是非常成功的，他解放了孩子们的思想，让他们去追寻自己的梦想，而不是遵循世俗，人云亦云。

好的家风能够解放人的思想，让人不再充当金钱的奴隶，让人不再总是想着什么工作赚钱多，什么专业地位高，而是去想自己喜欢什么行业，这辈子做什么工作会感到快乐，当然顺便能赚钱养活自己就更好了。

一个人在自己真正喜欢的领域能爆发出强大的潜能，而且不会对工作感到厌烦。那些有成就的人，很少有在自己厌恶的领域取得成就的，绝大多数从事的是自己喜欢的领域。

良好的家风能让孩子走在正确的道路上，不让教育或世俗的喜好和流行来定义的孩子的未来，而是让孩子自己去定义未来。这样，孩子才能真正解放自己的天赋，创造出自己的辉煌。

良好家风营造良好学风

家庭教育对于孩子来说非常重要。法国教育家卢梭说："人的教育在他出生的时候就开始了，在他不会说话和听别人说话以前，他就已经受到教育了，教育的基础是家庭。"卢梭认为，父母不仅应该养育孩子，更应该在日常生活中教会孩子怎样去学习，让孩子能从生活和平时的小事上不断获得知识。

父母是孩子的第一任老师，如果父母能注意用良好的家风营造出良好的学风，孩子从小就会爱上学习，也知道该如何去学习。当孩子能够将日常生活中的每一件小事当成学习的机会，从生活中不断获得成长，孩子就会以逐渐学习为乐，而非将学习当成一件苦差事。

别把孩子的教育丢给学校，那是放弃了自己对孩子的教育权，也是极不负责任的行为。父母本来就是孩子的第一任老师，要对孩子的教育负80%以上的责任。良好的家风能潜移默化地让孩子产生好的学风。

孟子的母亲在教育这方面做得非常好。孟子小时候，他家离墓地比较近，于是孟子在做游戏的时候就学着办丧事的人那样做。孟母觉得这样不好，就把家搬到闹市区那边去了。结果，孟子又学着商人做起了买卖。孟母看到以后，觉得这样下去的话，孟子早晚会被资本迷了眼，于是又搬家到了学校旁边。这次孟子开始跟着学校里面的学生学习礼仪等内容。孟母觉得这是一个不错的地方，就在这里定居下来了。

后来，孟子学了没多久就不想学了。正在织布的孟母听说他不想学了，就把辛辛苦苦织的布剪断了。她告诉孟子："你荒废学业，就像我剪断这布一样。"孟子这才明白，学习不能半途而废。于是，他又开始勤奋学习了。

这就是《孟母三迁》和《孟母断织》的故事。孟子在后来能够成为仅次于孔子的圣人，和孟母的严格家风有着很大的关系。孟母用家风营造了良好的学风，让孟子能够始终勤学不辍。

现如今，很多人因为工作忙，没时间去关心孩子的学习，但这并不影响我们用家风来影响孩子的学风。家长平时多读书，在家里营造出学习的氛围，就可以对孩子产生重要的影响。

孩子在学习的氛围中能养成爱学习的习惯。父母只需要在关键的问题上进行指导就可以了，比如不要轻信书里的话，要有自己的独立思考；不要读那些快餐式的糟粕书籍，多读经典著作；要持之以恒，活到老学到老。

李大钊先生在教育孩子学习这方面做得非常好。有一次放寒假，他的女儿李星华正在屋里练习写字。这时，外面下起了大雪。小孩子对雪总是很喜欢，因为可以堆雪人，还可以打雪仗。李星华心里想着玩雪，手上的笔就有点不听使唤，写出来的字也开始东倒西歪。李大钊先生敲了敲她写的字，提醒她要专心。等到把字写完时，李星华觉得爸爸肯定会因为她没写好而让她重写一遍。但是，李大钊先生只是指着其中的几个字告诉她："像这样写就对了！"然后，李大钊先生就让她把哥哥叫过来，一起到外面玩雪去了。

李大钊先生教孩子们的东西，都是很真实的。在学校里，孩子们唱着和实际情况完全不符的歌曲，说学校像美丽的花园，孩子们多么幸福。李大钊先生认为这是在撒谎，他教孩子们唱《国际歌》，让孩子们知道现实是黑暗的，但是只要人们团结起来，就能打破黑暗，而且共产主义一定会实现！

　　李大钊先生在家里营造了良好的学风，让孩子们知道要劳逸结合，专心做一件事，不要三心二意。李大钊先生还通过教孩子们唱《国际歌》，让孩子们知道什么是真实，并且告诉他们要为大多数人的幸福而奋斗。

　　良好的学风一定是求真务实、持之以恒的，我们用良好的家风营造出的学风，也一定要是求真务实、持之以恒的。

　　教育从来不是一蹴而就的事，孩子也并非只听一句道理就能明白该如何去学习。父母应该在孩子很小的时候，就注意培养孩子对学习的乐趣。在家庭教育中，用良好的家风营造良好的学风，让孩子从小就能有正确的学习观念，并在潜移默化中助力他们成长得更好。

勤奋家风熏陶孩子心灵

"勤能补拙是良训，一分辛苦一分才""业精于勤而荒于嬉，行成于思而毁于随"这是我们古人训诫后人的话。天道酬勤，用勤奋的家风来熏陶孩子的心灵，可以让孩子做一个勤奋的人。

勤奋几乎是刻在中国人基因里的一个美德。正所谓"快马不用鞭催，响鼓不用重槌"，中国人的勤奋更是无需他人催促。

天生的勤奋基因，加上勤奋家风的熏陶，孩子很容易成为勤奋的人。

颜真卿是唐代著名的书法家，他的书法深受后人喜爱，在书法领域有"颜筋柳骨"的美誉。颜真卿很小的时候便失去了父亲，母亲对他抱有很深的期望，教育他要勤奋学习，只有通过勤学才能成为优秀的人。

颜真卿没有辜负母亲的期望，最后成为受世人推崇的书法名家。颜真卿十分清楚，自己之所以能够成才，除了天资之外，还和勤奋的家风有着十分重要的关系。因此，他要将母亲留下的勤奋家风传承下去。

在教育孩子时，颜真卿始终不忘告诫他们要勤奋学习。为此，他还专门写了一首诗——《劝学》："三更灯火五更鸡，正是男儿读书时。黑发不知勤学早，白首方悔读书迟。"这首诗在后世广泛流传，成为鼓励人们勤奋读书的诗词典范。正因颜真卿将勤奋的家风传承了下去，所以颜家的后人中也出了不少人才。

那些有很高成就的人，很多都有勤奋读书的经历。他们有不少人固然天资聪颖，但真正能使他们成就非凡的，还是勤奋学习的好习惯。

颜真卿的母亲从小就督促他勤奋学习，用勤奋的家风不断熏陶他，让他养成了良好的学习习惯，使他能够成才。颜真卿很清楚这个家风的"含金量"，所以专门写诗来劝诫后人勤学，使勤奋好学的家风得以延续，也使颜家人才辈出。

勤奋包括很多方面，除了勤奋学习之外，勤奋的家风要求孩子做什么事情都要勤奋，不可以偷懒。

李苦禅是齐白石的大弟子，中国近现代著名的画家。他的名字里带了一个"苦"字，平时做事非常勤奋，也愿意下"苦"功夫。他自己很勤奋，在教育孩子时，也总是提醒孩子要勤奋。

李苦禅的儿子李燕受他的影响，也爱上了画画。李苦禅告诉他："干艺术是苦事，喜欢养尊处优不行。古来多少有成就的文化人都是穷出身，怕苦，是出不来的。"他经常用自己的经历来告诫儿子："我有一个好条件——出身苦，又不怕苦。当年，我每每出去画画，一画就是一整天，带块干粮，再向老农要一根大葱，就算一顿饭了！"其实，这份"苦"正是来源于勤奋。在李苦禅的教导下，儿子李燕也像他年轻时那样勤奋，长期在外面写生，不怕环境的险恶，也不怕日晒雨淋。

由于非常勤奋，李燕取得了很好的成就，在画坛中也闯出了自己的名声。在回忆起父亲的教育时，李燕对父亲言传身教要求他勤奋记忆深刻，觉得正是这份勤奋，才使他能成才。

一般人比较喜欢安逸，勤奋的习惯不太容易养成。我们要用勤奋的家风，从小培养孩子的勤奋精神，使他们无论做什么事，都能保持勤奋。李苦禅以自己为榜样，以勤奋不断要求儿子，用勤奋的家风使儿子养成了勤奋做事的好习惯，也使儿子能够学有所成。

虽然勤奋很好，但是也要注意身体，讲究方法。勤奋要持之以恒，而不能三天打鱼，两天晒网。所以，不要一下子非常勤奋，把自己累得受不了，也不要总是放纵自己。

为了形成勤奋的家风，家长们要以身作则。在工作之余，回家不要总是玩手机或看电视，做做家务劳动，读读经典好书，和孩子讨论一下他在生活和学习中的问题，有很多事情等着我们去做。

孩子平时如果不够勤奋，我们要适当督促，但也不要总是唠叨，那样反而没有力度。适当的督促加上我们的以身作则，一般都可以改变孩子的态度。如果孩子过于勤奋，我们也要及时提醒，让孩子有休息和放松的时间，别把孩子累坏了。

勤奋是在每一件事情上都可以体现出来的，所以我们时时刻刻要注意在学习、工作、生活方面要保持勤奋。当勤奋的家风形成之后，还要懂得持之以恒，如此，我们整个家庭才会逐渐呈现出一派欣欣向荣的景象。

勤俭朴素激发奋发进取的精神

勤俭朴素是中华民族的传统美德。勤俭朴素的家风能够激发出奋发进取的精神，是家风中不可或缺的因素。有人说"再苦不能苦孩子"，这句话说得不太准确，我们要让孩子吃得好，但别的苦还是要让孩子吃一吃的。古人说"家贫出孝子"，让孩子过相对不那么优厚的生活，才能让孩子明白生活的真谛，也能拥有进取心。

"滴自己的汗，吃自己的饭，自己的事情自己干，靠人靠天靠祖上，不算是好汉。"这是陶行知先生写的《自立立人歌》中的话，很好地诠释了中国人的思想。我们天生凡事靠自己，积极又进取。我们并不羡慕别人有条件，同时即便自己有条件，依旧要勤俭节约，因为那是一种美德。

老子在《道德经》中说他有三样宝贝："一曰慈，二曰俭，三曰不敢为天下先。"俭朴是非常宝贵的，无论在什么时候，我们都应该有勤俭朴素的生活作风，不能因为任何原因丢弃它。勤俭朴素能培养出良好的品格，并且能激发出奋发进取的精神。

房玄龄是唐朝著名的宰相，帮助李世民打下江山，被李世民认为是功劳最大的人。历史上对房玄龄的评价也很高，有"房谋杜断"的美誉。房玄龄之所以能有如此大的成就，和他勤俭朴素的家风有很大关系。

房玄龄的父亲房彦谦是隋朝的官员，他为官清正廉洁，在官员中的口碑非常好，被称为天下第一清廉之人。当时隋朝已经非常混乱，很多官员都在贪污受贿，房彦谦却始终坚持自己的品格，不被外界影响。他勤俭朴素，自己家里已经很穷了，却还要把有限的俸禄拿出来帮助贫困的亲友。别人看他身居高位却过得如此清贫，特别是在当时贪污成风的环境下，显得和周围格格不入，有些不理解。房彦谦却对自己现状并不在意，告诫子孙说："人皆因禄富，我独以官贫，所遗子孙，在于清白耳。"

房玄龄在父亲的言传身教之下，也对金钱和地位看得不重，而对成就一番大事业很看重。这或许就是勤俭朴素所激发的强烈进取心。虽然房玄龄后来成为宰相，但他始终保持了勤俭朴素的品格，也用勤俭朴素的家风来影响自己的孩子。因此，房玄龄的子孙后代也保持了勤俭朴素的品格。

勤俭朴素的家风能够让孩子不被世俗所侵扰，更容易使孩子树立远大的志向，产生奋发进取的精神。房玄龄能从小就有独到的眼光和远大的志向，和父亲教育他勤俭朴素有很大的关系。

郭晶晶和霍启刚是一对令人羡慕的夫妻，他们家庭幸福美满，也继承了霍家的良好家风。在教育孩子这方面，他们做得很好。

霍启刚在一次采访中表示，郭晶晶很喜欢吃饺子和拍黄瓜。网友看郭晶晶喜欢吃的和自己差不多，觉得郭晶晶作为一个豪门媳妇非常俭朴和接地气。他们教育孩子也是如此。

一些有钱人家的孩子，平时吃穿用度很是奢华，但郭晶晶和霍启刚却反其道而行之。他们知道，只有勤俭朴素能够让孩子拥有奋发进取的精神，拥有独立生活的能力。

虽说现在的生活条件好了，但勤俭朴素是我们应该保留的家风。"一粥一饭，当思来处不易；半丝半缕，恒念物力维艰。"往大处着眼，地球的资源是有限的，人类本就不应该浪费任何资源。往小处看，勤俭朴素的家风可以培养出奋发进取的精神。

人的一生并不长，但在这有限的人生当中，我们要尽可能多发挥自己的才能，做更多有意义的事情，而不是懒散消极。

不管我们的家庭是否富有，我们都应该用良好的家风，培养孩子勤俭朴素的品格。当孩子拥有勤俭朴素的品格时，他们的人格会更加独立，他们能够在相对恶劣的环境中生存下去，并开创属于自己的美好人生。

廉洁家风绘就清白人生底色

廉洁的风气能够让人变得高洁，心中没有贪念。有学者认为，普通人将黄金、珠宝、首饰等当作宝贝，但真正有思想的人并不会将它们视为宝贝，他们有一个更好的宝贝，叫作"不贪心"。的确，只要一个人不贪心，他就不会被外界的欲望所影响，能够始终坚持做自己认为该做的事，实现人生的价值，并且在这个过程中清清白白。

"壁立千仞，无欲则刚。"不贪心的人能够做到黑白分明，他不需要看别人的脸色，因为他什么都不贪，不会有求于人。毕竟，吃人嘴软，拿人手短。

田稷是战国时期齐国的相国，他任职三年之后，回家探母，给母亲带了很多金银财宝。母亲觉得不太对劲儿，便问他这些金银财宝是从哪里来的。田稷说，这是他三年的俸禄。对此，母亲并不相信，因为即便他三年不吃不喝，也不可能有这么多的俸禄。田稷只好说了实话，这是下面的官员送给他的。母亲一听便严厉地批评了他，并要求他将这些金银财宝全都退回去。田稷听从了母亲的教诲，将钱全部退还，并要求齐王给自己治罪。齐王对他并没有重罚，但全国上下都受到影响，官员们也不敢再贪污受贿，国家也变得越来越好了。

第四章　家风如明灯，指明前行之路

这就是《田稷退贿》的故事。廉洁其实是很难做到的，因为每个人或多或少都有欲望。因此，我们要从小培养孩子廉洁的品质，用廉洁的家风来潜移默化影响我们的孩子。而这，需要父母以身作则，自己首先不被欲望所影响。

很少有人能完全没有欲望，但我们可以有意识地克制自己的欲望，心中始终有"知止"的概念。

诚能见可欲，则思知足以自戒；将有作，则思知止以安人；念高危，则思谦冲而自牧；惧满盈，则思江海下百川；乐盘游，则思三驱以为度；忧懈怠，则思慎始而敬终；虑壅蔽，则思虚心以纳下；惧谗邪，则思正身以黜恶；恩所加，则思无因喜以谬赏；罚所及，则思无以怒而滥刑。

这是魏征写给唐太宗李世民的《谏太宗十思疏》中的一段话，意思是如果真的能够做到：一见到自己喜欢的东西就想到要用知足来自我克制；想要兴建什么，就要想到适可而止来让百姓安定；想到自己身居高位比较危险，就想到谦虚并且自己约束自己；担心骄傲自满，就应该想到江海能容纳百川；喜欢游猎，就想到围猎的时候要三面张网，网开一面，给动物们留一条生路；担心懈怠，就想到慎始慎终；担心被蒙蔽，就想到虚心接受别人的意见；担心有小人，就想到自己要一身正气，从而让小人无法靠近；要奖赏，就想到不要因为自己喜欢就赏错了人；要惩罚，就想到不要因为自己愤怒就罚错了人。

魏征的这些建议，核心就是"知止"。当想到一件事情的时候，就要想到不能沉迷其中，该停止就停止。廉洁的家风要做到心中始终有"知止"的概念，不要沉迷任何事情，不过分向往任何事情。

王女士平时经常教导孩子要懂得拒绝。她告诉孩子，陌生人给的东西不可以吃，陌生人送的礼物也不可以要。如果是亲戚朋友送的东西，也必须要经过爸爸妈妈的同意才可以接受。一次，她给孩子讲《金斧头银斧头》的故事。故事的梗概是一个樵夫在过河的时候，一不小心把自己的铁斧头掉进了河里。河神分别拿出一把金斧头和一把银斧头，询问樵夫这是不是他掉到河里的那把斧头，樵夫都说不是。最后，河神拿出了铁斧头，樵夫表示这才是自己的斧头。河神为了嘉奖他的诚实，把金斧头和银斧头都送给了他。

王女士告诉孩子，这个故事讲得不好。樵夫最后应该拒绝河神，不要金斧头也不要银斧头，只要自己的铁斧头。我们不是为了得到谁的奖励才不贪心，而是不应该贪心，贪心是错误的思想观念。俗话说"贪小便宜吃大亏"，不是我们的东西，我们就要拒绝，我们只要属于我们自己的东西。

在王女士的悉心教导下，孩子从小就有不贪心的观念。在别的孩子被玩具促销广告吸引得走不动道的时候，王女士的孩子却丝毫不为所动。

孩子学会拒绝，学会不贪心，自然就能拒绝欲望，做到守住本心。例子中的王女士对孩子的教育值得我们学习。我们要从小教育孩子拒绝外界的诱惑，从一点一滴的小事做起，逐渐培养他们坚定的内心，廉洁的品格。同时，对于一些不太合理的故事，父母要和孩子解释清楚，不要让孩子被故事带偏。

苏轼曾说："天地之间，物各有主，苟非吾之所有，虽一毫而莫取。"如果每个人都能做到，不要不属于自己的东西，那么这个世界会简单得多，也清朗得多。很多人都是因为无法拒绝诱惑，看到便宜就想占，才容易上当受骗，也容易变贪。

我们要在家庭中培养廉洁的家风,无论是哪个家庭成员,都要"自己的事情自己干",不接受他人的馈赠,不占他人的便宜。我们的双手能劳动,也会创造,完全可以自己创造财富,不需要羡慕别人拥有的,更不需要觊觎别人的东西。

第五章

家风如镜子，教育出好孩子

李世民说："以铜为镜，可以正衣冠；以古为镜，可以知兴替；以人为镜，可以明得失。"家风也如同一面镜子，能够让孩子知对错、明是非，让孩子在正能量的环境中形成正确的思想，茁壮成长。

家风里藏着孩子的未来

孩子在怎样的家风中成长起来，他们就会有怎样的观念和习惯，于是便会有怎样的未来。可以说，孩子的未来是藏在家风中的。

古人善于用良好的家风来培养孩子，他们无需对孩子过分苛责，只需用家风潜移默化地浸染，就足以使孩子变得优秀。

陆游是南宋时期著名的诗人，他在教育孩子时，总是用良好的家风家训来影响孩子。他对教育孩子非常重视。据说，他从四十岁左右开始写家训，一直写到八十多岁，其间不断增补内容。他不但写家训，还写了不少教育子孙的诗，大概有一百多首，是中国古代名人用诗来教育子孙中数量方面的第一人。以诗的形式教育子孙，这样的家风家训非常浪漫，子孙也更容易接受并牢记。

陆游在《示子孙》中写道："为贫出仕退为农，二百年来世世同。富贵苟求终近祸，汝曹切勿坠家风。"这是教育子孙不要贪图富贵，一定要将良好的家风延续下去，可见他对家风的重视。他在《冬夜读书示子聿》中训诫小儿子子聿："古人学问无遗力，少壮工夫老始成。纸上得来终觉浅，绝知此事要躬行。"教育儿子不能只读书，还要将书中的内容亲身实践，才能真正把知识学会。

陆游可以说是用诗教育了孩子一辈子。他临死之前还不忘写一首《示儿》叮嘱孩子："死去元知万事空，但悲不见九州同。王师北定中原日，家祭无忘告乃翁。"这表面上是要求孩子如果国家能变得更好，北定中原，要在祭祖的时候告诉他一声，实际上也隐含对孩子的一种告诫，要孩子像他一样有爱国的情怀。

陆游用良好的家风来培养孩子，在他的谆谆教诲之下，他的孩子们都拥有良好的品质，也知道该如何去学习。正因如此，陆游的孩子们发展得都很不错。

当家风良好时，在家风熏陶下成长起来的孩子往往比较优秀。古代优秀的人擅长用家风来使孩子拥有美好的未来，现代很多名人也是如此。

陈鹤琴是中国近现代著名的教育家，他很注重教育孩子，总是用良好的家风家训来培养孩子的良好品格和行为习惯。

陈鹤琴总是教儿子自己动手做事。儿子不喜欢刷牙，他就在盥洗室里贴了一张刷牙的图片，上面是几个小孩在高高兴兴地刷牙，旁边有一位母亲微笑着看着他们。有一次，邻居家的小孩来家里玩，陈鹤琴知道她平时都是自己刷牙，就对儿子说："看看人家的牙齿多好看，多么干净！你如果每天能自己刷牙，牙齿也会像她的一样整齐好看！"就这样，儿子逐渐养成了自己刷牙的习惯。陈鹤琴还经常夸奖儿子："你看你经常刷牙，牙齿都比以前好看多了！"

陈鹤琴认为吃饭应该有规律，要定时定量，不能乱吃。他要求孩子除了正常的一日三餐之外，只有上午十点左右和下午四点左右可以吃一些点心，其他时候不能吃东西。陈鹤琴自己以身作则，从不乱吃东西。在他的影响下，儿子养成了正确的吃饭习惯，胃口很好，身体也很强壮。

陈鹤琴还很看重休息，他要求儿子每天都要午休一段时间，这样不仅有利于身体健康，而且能让人精力充沛。在他的严格要求下，儿子每天都会午休一会儿。此外，他还要求儿子早睡早起，睡觉时不能抱着东西睡觉。

陈鹤琴总是从细小的事情入手，培养孩子良好的习惯。儿子不但养成了良好的生活习惯，做事有条理，也因此形成了良好的品格，言必信行必果。

在良好家风中成长起来的孩子，他们通常拥有良好的行为习惯和优秀的品格，而且他们都会发展得很好。陈鹤琴并没有教孩子大道理，但他已将道理融入生活的每一件小事里，让孩子养成好的习惯和品格。

我们应该用家风来影响孩子，这样我们就不需要为教育孩子而感到头疼，甚至不需要出言批评，孩子自己就能按照我们所想的正确方向去成长。家风春风化雨，润物无声，它从不声色俱厉，却有着强大的力量，能让孩子逐渐向好的方向转变。

家风中藏着孩子的未来，我们将家风培养好，也就等于给孩子规划好了未来。这并不是强制性的，也不会引起孩子的抵触情绪。用良好的家风来确定孩子未来的方向，又让孩子的未来拥有无限可能，这是极好的家庭教育方式。

好家风滋养孩子心灵

家风如春风化雨,它无处不在。好的家风能滋养孩子的心灵,让孩子的心灵充满正能量,不惧生活中的困难和挫折,永远积极向上地生活下去。

古人十分注重培养孩子的健康心灵,他们会用家风中的正能量来滋养孩子,使孩子一身正气。这样一来,即便外界的环境不是很好,孩子也能超然物外,始终保持心中的浩然正气。

姚梁是清朝时期的官员,他为官清廉,受到世人称赞。姚梁之所以品格优秀,离不开良好的家风家教。

姚梁的母亲是一位非常优秀的母亲,她总是在生活中教育儿子,用良好的家风滋养儿子的心灵。有一次,姚梁要去外地查办贪官污吏。姚母知道以后,便准备教导姚梁一番。这天傍晚,姚梁从外面回家,姚母告诉他:"我中午的时候煮了一大碗香蛋,可是晚上看的时候,却少了三个,难道是儿媳妇偷吃了?你要帮我把这个偷吃的人找出来,好好教育一下。"姚梁感觉母亲有点小题大做,但母亲却告诉他:"如果连家里这点小事都处理不好,又怎么能办好案子呢?"

于是,姚梁便把家里人都叫过来,让所有人当着大家的面漱口,将漱口水分别吐在准备好的容器中。结果,只有姚母面前的容器里漂着一些碎蛋黄,其他人的容器里都很干净。这说明是姚母自己吃了香蛋,与别人无关。

姚梁一时间不知道该怎么说，但姚母却要求他不可以徇私。姚梁明白了母亲的用意，指出正是姚母吃了香蛋，并保证自己在查案时一定会秉公办案。

姚梁的母亲能够用良好的家风家教来滋养孩子的心灵，使姚梁拥有良好的品格，这是值得我们学习的。她没有讲太多大道理，用朴实无华的教育方式，让儿子在日常生活的点点滴滴中便受到了教育。

很多名人特别注重用良好的家风滋养孩子的心灵。他们的家风是孩子心灵力量的源泉，能让孩子摆脱生活中的苦恼，获得温暖的慰藉。

傅雷是中国著名的翻译家。傅雷夫妇写给儿子傅聪和儿媳的家信，被次子傅敏编辑成《傅雷家书》。这本书自出版以后，深受大众的喜爱，还被列入中小学生阅读指导目录中。

其实，傅雷的母亲对傅雷极为严厉，这使得傅雷的童年生活并不是太美好，也使得他性格方面出现了一些缺陷。后来，他教育儿子们也很严厉，这让儿子们难以忍受。儿子傅聪在乐坛上取得了不错的成就后，要到波兰去留学了。傅雷只能用书信的方式和他沟通，而这也使得傅雷反思了自己以前的教育方式，开始转变。

在《傅雷家书》中，傅雷像是变了一个人，他会心平气和地跟儿子探讨交流："自己责备自己而没有行动表现，我是最不赞成的。这是做人的基本作风，不仅对某人某事而已，我以前常和你说的，只有事实才能证明你的心意，只有行动才能表明你的心迹。待朋友不能如此马虎。生性并非'薄情'的人，在行动上做得跟'薄情'一样是最冤枉的，犯不着的。正如一个并不调皮的人要调皮结果反吃亏，是一个道理。"

这是《傅雷家书》中的一段话，我们能感受到傅雷对儿子深沉的爱。傅雷的这种转变让傅聪觉得非常欣喜，他从父亲那里得到的不再是冷冰冰的态度，而是非常温暖的心灵滋养。

在傅雷爱意的滋养下，他的孩子们和他的关系变得越来越好，他们也能从他那里获得力量，并在之后的生活和工作中表现得越来越好。

父母并不是天生就会做父母，如果父母在教育孩子的时候表现得不好，孩子就会受到困扰。傅雷刚开始教育孩子时很严厉，孩子们便疏远他，也无法从他那里得到心灵的滋养。等傅雷转变教育孩子的观念和态度之后，用温和的语言来消除和孩子之间的隔阂，用良好的家风来温暖孩子的心灵，他的孩子们就更愿意接受他的教育，心灵也得到了很好的慰藉。

如果你不知道该怎样在家教中变得温和，不妨像傅雷那样，去和孩子交朋友。不要把自己当成是一个高高在上的长辈，而是将自己想象成一个和孩子同龄的朋友。这样一来，孩子愿意和我们沟通，我们的教育也更容易展开。

孩子们的心灵是纯洁的，同时也是相对脆弱的。我们在家庭教育中，要用良好的家风创造出温暖的环境，让孩子感受到被爱。在这种家风中成长起来的孩子往往更加自信，他们和父母的关系也会更好。

用良好的家风来滋养孩子的心灵，孩子将来就不会缺乏爱也不会缺乏力量。他们今后会成为一个心灵健康的人，能关爱身边的人，向他人传递温暖的信息。这样的孩子会受到大家的欢迎，他们将来也会前途无量。

良好的家风是给孩子最好的教育

父母是孩子的第一任老师，要负起责任，把家庭教育做好。

家庭教育最重要的是家风对孩子的影响，良好的家风是给孩子最好的教育。如果有时间辅导孩子的作业，可以用心辅导；如果没时间辅导，也可以通过日常行为来成为孩子的榜样，帮孩子形成良好的品格。父母要严于律己，培养出良好的家风，并处处留心孩子的生活和学习细节，让孩子严格遵守家风中的规矩。

窦禹钧是宋朝人，他家住在燕山一带，所以人们又叫他窦燕山。他教育出来的五个孩子都成了人才，现在我们所说的"五子登科"，便是说的他五个儿子都科举考中的事情。《三字经》中说："窦燕山，有义方。教五子，名俱扬。"说的也是他的故事。

窦禹钧三十多岁了还没有儿子，传说他做了一个梦，梦到自己的祖先，祖先告诉他，要多积德行善。于是，他开始帮助他人，并且兴办学堂，做了很多好事。他自己生活俭朴，并把钱都用来办学校了。后来，他有了五个儿子，五个儿子在良好的家风影响下也都成才了。

我们每个人都可能有梦到过自己祖先的经历，这很正常。无论窦禹钧是听从了梦中祖先的话，还是他本来就有良好的家风，他能够生活节俭，并且坚持做好事,还兴办学堂,都是很好的事。在他身体力行之下,形成了很好的家风,所以他的五个儿子也都成才了。

很多时候,无形的东西才是最重要的,人们却经常只在意看得见的东西,将无形的东西忽视掉。真正清醒的人会将无形的东西看得更重,比如思想观念、意识形态、价值观等。对于一个家庭来说,家风则是最为重要的,它基本可以看成是那些无形内容的一个总和。用家风来影响和教育孩子,比我们的叮嘱更管用,更容易产生影响。

丽丽家的儿子刚上小学,在学习方面没有什么问题。但是,有一件事却让丽丽感到十分困扰,儿子在家没事就玩手机,她的手机已经被他下载的各种不知名的小游戏填满了。丽丽总是要求儿子少玩手机,但是不管她怎么说,儿子就是不听,又哭又闹的。丽丽没办法,只能先由着他。

有一次,丽丽跟朋友谈起这件事。结果,朋友告诉丽丽,如果父母在家时经常玩手机,孩子就会觉得玩手机是很正常的行为,你不让他玩就是对他不公平,所以他总是哭闹。如果父母能严格约束自己,在家不玩手机,孩子也就不会再沉迷于玩手机了。

听了朋友的话,丽丽觉得很有道理。她决定先从自己做起,在家不玩手机,不刷短视频。丽丽的丈夫之前一直有玩手机游戏的习惯,丽丽便认真地找他沟通了一次。丈夫被她说动了,也不玩游戏了。果然,没过多久,儿子对玩手机不那么上心了。

要真正做好家庭教育,就要有良好的家风。例子中的丽丽通过自己和丈夫的行为,在家里培养出了不玩手机的风气,孩子受到影响,逐渐也就对玩手机失去了兴趣。这比口头教育更有效,并在无形中产生了影响力。

很多家长在教育孩子的时候感到头疼,拿自己家的孩子没办法。如果能够转变思路,将重心放到培养良好的家风上来,可能就会豁然开朗,找到解决家庭教育的方法。在良好的家风当中,教育孩子是很容易的,甚至都不需要父母说什么,孩子自己就会学好、做好。

家风无处不在,无孔不入。即便是再叛逆的孩子,也会在家风的影响下,朝着好方向去改变。我们不怕孩子叛逆,也不怕孩子不听话,只怕没有良好的家风。父母应该以身作则,将良好的家风培养出来,家庭教育就会变得非常简单了。

父母是孩子最好的榜样

父母是孩子的第一任老师，同时父母也是孩子最好的榜样。如果父母能够严格要求自己，让自己成为孩子眼中有信仰、有原则、有担当的人，那么孩子也会有样学样，逐渐成长为这样的人。

榜样的力量是无穷的。俗话说"虎父无犬子"，就是因为孩子以父亲为榜样，最后变成像父亲那样的人。个人能力或许有所不同，但发展方向是相同的，所以性质也是相近的。正因如此，无论是古代还是现代，我们都能看到优秀总是呈现出家庭或家族聚集的模式。满门忠烈、世代簪缨，都是在说这种情况。一旦有一个优秀的榜样，家庭成员都会向他看齐，继而变得和他无限趋同。

父母是孩子最好的榜样，当父母有高尚的品格时，不需要特意去教，孩子就会有高尚的品格。

孙先生有着非常好的生活习惯，在教育孩子的时候，他将自己的生活习惯全都教给了孩子。有一天，刚吃完饭的儿子就和其他小孩嬉笑打闹，孙先生连忙制止了他，并告诉他刚吃完饭不要剧烈运动，至少要等到半小时肚里的食物消化了一些之后才可以剧烈运动。于是，孙先生就带着儿子在小区里溜达。儿子见爸爸这样做，也就跟着溜达起来。

还有一次，孙先生带着儿子出去玩，儿子看见过山车就想去坐。孙先生耐心地告诉他："那看起来比较危险，实际上确实也不怎么安全，万一停电了，上面的人就危险了，所以我们还是不要坐了。"儿子问："那为什么别人可以坐呢？"孙先生回答："别人的事我们管不了，但我们可以管好自己，我们不能做有危险的事情。"儿子听从了孙先生的建议，不再吵着坐过山车了。

儿子有时候和小朋友们玩，跑得上气不接下气。孙先生便告诫他："不可以运动过度，否则会对身体造成伤害，适量的运动才会对身体有好处。"儿子说："我看到电视上那些运动员的运动量都非常大。"孙先生说："所以他们经常是一身伤病呀。我们不是运动员，所以不需要过量运动，适当运动运动就好。你看我就走走路，甩甩胳膊，慢跑一会儿，就很好。"儿子点点头："那我以后也不跑那么快了。"

每天晚上十点左右，孙先生就会上床睡觉。有时候儿子不愿意睡觉，想要看手机。孙先生就会告诉他："你看爸爸就不看手机，早睡早起身体好。"儿子知道爸爸平时确实是这样做的，于是他也养成了早睡早起的好习惯。

只给孩子讲道理，孩子不一定能听懂，但以身作则，成为孩子的榜样，他们就能一下子看懂，并且更愿意听。例子中的孙先生有很好的生活习惯，他给孩子做了很好的示范，让孩子能够更容易接受他的教育。他是孩子的好榜样，也是孩子模仿和学习的对象。

很多人喜欢跟风或者随大流，但是盲目跟风却是不好的。所以，我们要利用好这一点，成为孩子的榜样，让孩子自动跟我们学习。当然，我们自己也要严格要求自己，做孩子的好榜样而不是坏榜样。

好家风的孩子文明有礼

现如今,文明有礼不仅是个人素质的体现,也是社会和谐的重要基石。在家风良好的家庭中,父母能把孩子培养成一个文明有礼的人。

然而,随着信息技术的不断发展和进步,孩子接触网络的机会也变得越来越多,更容易受到不良信息的影响,有一些不文明的行为举止。对此,父母要格外引起注意。

乐乐五岁了,平时看起来也是乖巧懂事。可是有一次,妈妈发现他在玩拼图的时候,一边玩一边说脏话。妈妈立即问他:"你跟谁学的这样讲话,爸爸妈妈都没有这么说过。"乐乐说:"幼儿园的小朋友。"妈妈连忙告诉他:"不可以这样说话,回头我得告诉你们老师,让老师纠正你们的错误。"妈妈把这件事告诉了乐乐的老师,老师很快在班里说了这件事。小孩子都比较听老师的话,再加上家里也没有人讲脏话,乐乐很快就改掉了这个毛病,没再讲过脏话。

小孩子的语言习惯并没有固定下来,他们学坏比较容易,但如果父母及时发现,帮他们纠正同样也是比较容易的。例子中的妈妈很聪明,知道找幼儿园的老师帮忙,大家共同努力,让孩子变得文明有礼。

父母严格要求自己,平时不说脏话,养成使用文明用语的好习惯,孩子也会在耳濡目染下养成这样的好习惯。有时候，孩子可能在外面听到一些骂人的话，跟着学。父母也要及时纠正孩子，不让他们说那样的话。

一般孩子会说脏话，除了跟着父母或别人学之外，还可能是一种情绪的宣泄。当父母对孩子过于严厉，就有可能会让孩子产生很大的压力，导致孩子用骂人的方式来宣泄心中的愤懑。因此，父母在处理孩子的问题时，应该先保持理智，不能总是一遇到问题就先急了。否则，孩子会受到情绪感染也跟着急，甚至说脏话。

当遇到问题时，父母首先要保持冷静。对待孩子的问题，"冷处理"是一种不错的方式。先冷静一下，充分了解孩子做事的动机、说话的动机等，不要着急下结论。父母冷静的情绪会让孩子感到有安全感，他们的情绪也会变得平稳。这样一来，孩子逐渐也会养成遇事冷静的习惯，不会轻易着急，更不会轻易骂人。

当孩子有不文明的情况时，父母可以给孩子树立一个好榜样，让孩子向榜样学习，比如某个优秀的同学、某个优秀的名人等。当孩子有了好的榜样，他会下意识地学习榜样的行为和言语等，然后逐渐变得文明有礼起来。

如果孩子总是改不过来，适当的惩罚也是必要的。父母要给孩子立规矩，让孩子对是非对错有一个清晰的认知。不过，惩罚要讲究方法，有效的惩罚才是好的惩罚。

冰心的女儿吴青在一次访谈节目中谈过冰心对她和姐姐的一次惩罚。冰心给她们姐妹俩立下过一个规矩，如果她们放学能早早回家，就奖励她们每人两块饼干。有一次，她们偷偷拿了家里的饼干吃，被冰心发现了。但冰心并没有打骂她们，而是让她们去刷牙，并告诉她们说谎骗人的话是最脏的，以后不能说谎。虽然这惩罚不算严厉，却让她们永远记在了心里，以后再也不说谎了。

冰心对孩子的惩罚是很值得我们借鉴的。有时,不需要多大的惩罚力度就能让孩子记牢。这样,孩子就会改正错误。

有的人在讲话时总喜欢夹枪带棒,虽然不一定说得很难听,却会让人感觉非常不舒服。这是很不好的,如果自己不能改掉这个毛病,孩子就会跟着学,再怎么教也没用。

作为家长,我们首先要管住自己的嘴,不说夹枪带棒的话,不说嘲讽类的话,不说阴阳怪气的话。说话时正面回应别人的问题,用语文明、态度温和、诚恳友善。这样的话就很有温度,让人愿意交流。孩子受到我们的影响,也会养成良好的讲话习惯。

万一孩子受到外界的影响或者因为好奇、情绪压力等开始说脏话,父母要在第一时间发现并纠正孩子的问题。如有必要,可以给予适当惩罚,让孩子产生深刻记忆,快速改正自己的错误。无规矩不成方圆,对孩子语言方面的管束越早开始越容易,所以要趁早进行。如果对孩子溺爱,舍不得去约束孩子,一旦孩子年纪大了,形成了固定的语言习惯,要纠正他们就比较困难了。

一般来说,在家风良好的家庭当中,每个家庭成员都谦和有礼、很有素质,说话时也心平气和,不说脏话。孩子如果在这样的环境中成长,几乎不需要父母费心,他们自己就会成为一个文明有礼的人。

有良好的家风打底,即便孩子偶尔受到外界的影响,也是比较轻微的影响,父母只需要及时加以管束,就能予以纠正。

民主家风让孩子勇敢快乐地成长

人们都愿意生活在民主的环境当中,孩子也不例外。如果我们能在家庭中形成一种民主的氛围,孩子就会感到十分轻松。他们有什么想法会愿意和父母分享,有什么问题也敢于提出来。在处于这样家风中的孩子,一般都自信勇敢,并且总能快乐成长。

我国古代不乏有人对于民主是很重视的,特别是在家庭教育当中更是注重民主。有不少名人的家风十分民主,充分尊重孩子的意愿,和孩子像朋友一样相处。

苏轼是北宋著名的文学家,他的家风非常民主,孩子们在这样的家风中都很有自己的个性,成长得非常好。

苏轼对孩子的要求不像别人那么严格,他总会让孩子按照他们的天性去成长,即便孩子有时候偷懒贪玩,他也不会严厉责备。在孩子们小时候,苏轼会和孩子们一起玩耍,孩子们如果表现得好,他会不吝赞美和鼓励。闲下来和孩子们聊天时,苏轼会鼓励孩子们写诗,并点评一番,夸奖写得好的人。

苏轼从不像别的父亲那样严厉,孩子们也是把他当朋友,和他感情非常好。他的几个儿子跟随着他在官场上浮浮沉沉,谁都没有怨言。正是苏轼民主的家风,让每个孩子都成为有主见的人,能勇敢面对生活中的一切苦难。虽然他们没有像苏轼那样出名，但他们内心充实，是生活中的勇者。其中，苏轼第三子苏过的文学成就非常不错，有"小东坡"之称，还留下了《思子台赋》等名篇。

苏轼的一生非常豁达，对孩子也很宽容，在家庭中营造出民主的家风。他和孩子打成一片，陪他们做游戏、写诗，是他们的玩伴；在他们长大后，他又成为他们最亲密的朋友。正是这样的家风，使孩子们成长为勇敢正直的人，即便没有大富大贵，也能活得快乐，且内心富足。

李白是唐代著名诗人，他才华横溢，思想超脱，有着"诗仙"之称。

李白的父亲是一位商人，平时比较忙。虽然他很看重孩子们的学业，但对孩子们的管教却十分宽松，几乎是由着他们的性子来。于是，李白想看什么书就看什么书，想学剑就去学剑，想游历名山大川就去游历名山大川。可能有些人家的父亲会说他离经叛道，但李白的父亲却任他自由地成长。

只有民主的家风，才能催生出不受世俗限制的自由思想。李白后来能写出那么多超凡脱俗的诗篇，又总是勇敢地表达自己的想法，正是这宽松民主的家风让他恣意成长的结果。

李白的父亲能给李白一个非常宽松的家庭环境，这是十分难能可贵的。正是有了这样的环境，李白才能勇敢快乐地成长，他的天性也才得以完全释放，最终成为一代"诗仙"。

在近现代，民主的思想更加深入人心，人们在家庭教育中更讲究民主了。不少人在家庭教育中会注意充分尊重孩子的意愿，那些拥有优秀家风的家庭会做得更好。

民主型的父母会充分尊重孩子自己的意愿，让孩子拥有强烈的独立意识。这样的环境中成长起来的孩子勇敢坚强，在生活中有自己的主见。只要是孩子们自己选择的路，他们就能一直坚持走下去。

父母要让家风民主，应该做到两件事：一是能正确理解孩子内心的想法；二是在尊重孩子的前提下有正确的管教。

家风民主并不意味着父母要对孩子放任不管，相反，这是一种更为高级的管理方式。父母要充分理解孩子内心的想法，知道孩子随着年龄的变化会产生什么样的想法，并进行正确引导。父母要尊重孩子的意见，让孩子拥有独立的思想，但如果孩子的想法不对，也要进行纠正。只不过，这种纠正并非强制，而是要循循善诱，在不打击孩子自尊心的前提下进行。

父母对孩子充分尊重，但同时，父母要区分孩子想法的对错。如果孩子的想法对，就全力支持。如果孩子们想走的不是正道，则应想办法纠正孩子的观念，而不盲目迁就孩子的想法。

好家风让孩子在好环境下自我发展

每个孩子都是独一无二的,他们有自己的独特天赋,如果能将天赋全部发挥出来,或许每个人都能获得非凡的成就。家庭教育应该为孩子的成长提供帮助,而不应是孩子发展的桎梏。良好的家风可以给孩子提供一个好的环境,让孩子可以自我发展,恣意成长。

生活往往并没有一个标准的答案,孩子的成长也是如此。有的父母喜欢给孩子规定一个确定的成长路线,然后逼着孩子去走。不但孩子会觉得痛苦不堪,父母也会因为孩子达不到他们的要求而感到苦恼。这其实可以说是自讨苦吃。不如宽松一点,让孩子自由发展,只要他们发展的方向不是不好的路,就不必在意他们具体走的是哪条路。

古人对孩子的教育十分看重,有的也会逼着孩子去读他们不愿意读的书,但也有人非常开明,让孩子按照自己的喜好去发展。他们只给孩子提供一个良好的环境,至于发展方向,他们会让孩子自己去挑选。

祖冲之是南北朝时期非常著名的数学家,他之所以能够成才,离不开良好的家风。

祖冲之从小不是很喜欢读书,他的父亲因为望子成龙,所以对他管得非常严。在父亲的严格约束下,祖冲之更不喜欢读书了。爷爷祖昌是一个非常开明的人,他认为儿子应该用良好的家风,给孙子祖冲之提供一个好的环境，让他能自我发展，而不是这样强逼着他去读不喜欢的书。即便祖冲之真的不适合读书，那也并非不能成才，他可能在别的方面有天赋，将来也会发展得很好。

祖昌于是接管了对孙子祖冲之的教育工作。他没有像儿子那样严厉，对祖冲之也没有特别明确的要求。他是当时管理土木工程的官员，于是经常带着祖冲之到工程现场去玩。很快，祖冲之对山川河流、村落建筑等产生了浓厚的兴趣。对于天文知识，祖冲之也格外着迷。

祖昌见孙子对天文很感兴趣，便领着他去著名的天文学家何承天那里学习天文知识。祖冲之在学习天文学的过程中，要计算很多内容，所以他在数学方面也突飞猛进。最终，祖冲之成为非常优秀的数学家。

没有人能定义一个孩子，即便是家长也不行。家长应该给孩子提供一个良好的空间，让孩子能自由成长。祖冲之如果按照父亲的意愿去读书，可能天赋就会被埋没。在爷爷开明的教育理念下，祖冲之的天赋才得以释放，最终取得巨大的成就。

华罗庚是中国著名的数学家，被誉为中国现代数学之父。他小时候学习成绩并不好，但他很喜欢数学，没事就躲在一边钻研数学问题，有时候甚至连吃饭、睡觉都会忘记。别人都说他傻，但华罗庚的父母却并没有责怪他，反而觉得他有异于常人的天赋。

华罗庚的父母很支持他学习数学，虽然家境不好，但依旧全力为他提供良好的学习环境。最终，华罗庚没有辜负父母的期望，成为著名的数学家。

华罗庚对孩子的教育也很开明，他并不会要求子女也跟着他学数学。孩子们愿意学什么，就去学什么，他只负责给他们提供良好的成长环境。

华罗庚有三个儿子、三个女儿,他们都发展得很好,在各自的工作领域有着不错的成就。

良好的家风能让孩子安心发展自己的天赋,家庭只是给他们提供助力,不会阻碍他们的发展。华罗庚能成才,离不开父母的支持,华罗庚的孩子们能很优秀,也是这种优秀家风培养下的结果。

培养孩子不是一件简单的事,但有时候其实也并不复杂。如果能够用良好的家风,给孩子提供一块充满自由的沃土,他们就能够自我成长、自我绽放。

父母对孩子管束越是严格,孩子越容易对父母产生抵触情绪。不管孩子的具体发展方向,只保证家庭环境的和谐,孩子反而自己会争气,努力拼搏进取。

俗话说"儿孙自有儿孙福",我们其实应该给孩子们足够自由的空间,让他们去恣意成长。我们的家风只为他们的健康思想和行为习惯负责,至于他们要走怎样的发展之路,不妨由他们自己决定。

父母给孩子创造良好的家风,然后让孩子自己发展,胜过强行干预。孩子们自己发展得来的果实一定是他们想要的,而他们也愿意为此不懈努力,直到成功。

第六章

家风如尺子，塑造优秀品格

家风就像是一把尺子，能够丈量人的心灵，给人的人格和思想画下正确的标准。良好的家风能够塑造出优秀的品格，它无需知识的罗列，无惧外界的侵染，就能刻进人的灵魂深处。

道德是家风的底色

中国人自古以来对道德都十分看重。刘禹锡在《陋室铭》中有一句名句："斯是陋室，惟吾德馨。"

一个家庭可以没有显赫的地位，没有令人羡慕的财富，但不可以没有道德。道德应该是家风的底色，我们应该以道德为基石，从小就培养孩子良好的道德，这样孩子才能成为真正优秀的人。

郑板桥是清朝著名的书画家，是"扬州八怪"的代表人物之一。他晚年得子，对儿子关爱有加。不过，他对让孩子读书等事情不是很关心，他教育孩子时特别突出一个"德"字。他在家书中这样说："夫读书中举中进士为官，此是小事，第一要明理做个好人。"

郑板桥是一个活得很通透的人，他明白道德的重要性，知道一个人要先有道德，然后才能谈其他的。于是，他对孩子的道德要求很高，他的家风也始终以道德为底色。

自古以来，很多名人非常注重道德品质，将道德视为家风的基础。像郑板桥这样严格要求子孙的也有不少，他们的子孙都因为拥有良好的道德，最后发展得都很不错。

第六章　家风如尺子，塑造优秀品格

刘墉是清朝时期著名的政治家，人称"刘罗锅"。关于刘墉的很多故事在民间流传，关于他的影视作品也有不少，所以说起他来，一般人都不会感到陌生。

刘墉的家风非常好，道德可以说是他们家风中的根本。他的父亲刘统勋为官清廉、克己奉公，在做江宁知府时深受百姓爱戴，常被人们拿来和包青天对比。

刘家以前并不是什么显赫的家族。刘墉的高祖刘通家境贫寒，但总是勤学苦读，刘墉的曾祖刘必显也是勤学苦读。后来，刘家出了一位进士，才逐渐在官场上有了些名气。不过，最值得为人称颂的不是刘家的尚学精神，而是他们的道德风尚。

刘家从刘通时起就一直乐善好施，遇到有困难的人就会出手相助。刘通当时家境贫寒，但即便如此，依旧要帮助别人。有一次，刘通所在的地方闹饥荒，刘通偶然捡到一些钱财，在找不到失主的情况下，刘通便用这些钱买了粮食，给灾民施粥，救活了很多人。刘必显继承了优良的家风，在当地帮别人做一些"婚丧嫁娶"之类的事宜，也赢得了很好的口碑。

到了刘必显的两个儿子当家的时候，他们对乡亲的接济更有过之。在康熙年间，又闹了灾荒，刘家兄弟二人轮流出去给灾民送粮食，一直坚持了十个月。刘家的后世儿孙也一直在做乐善好施的事情。因此，刘家在乡里的威望非常高。

正因刘家的家风始终以道德为底色，所以他们家的人不只刘统勋和刘墉优秀，后代中也出了很多优秀的人。

其实，一个人不一定高官厚禄，只要他能有很好的道德，到哪里都是受欢迎的。刘墉家的家风非常好，他们家的人都有很高尚的道德，所以也总是受到乡里人的爱戴。

陶行知曾说："千教万教，教人求真。千学万学，学做真人。"做真人，首先要是有道德的人。

吉鸿昌是著名的抗日英雄。吉鸿昌的家风很好，一家人都将道德品质看得很重。他的父亲在去世之前留给他的遗嘱也是有关道德品质的，要求他做官不许发财。吉鸿昌将父亲的遗嘱烧制在细瓷碗上，时刻提醒自己，也提醒手下的人，要有好的道德品质，不许贪污受贿。

有道德的家风，能够培养出有道德的孩子。无论孩子将来才能高低，他都可以成为受欢迎的人，因为有道德的人在哪里都是受欢迎的。我们会推崇那些有道德的人，即便他们的才能不是特别突出。相反，如果一个人才能不错，却缺乏道德，很少有人会去推崇他。

据说唐朝的人就很看重道德，每家每户的道德教育都很好。那时候流行的一些对小孩子启蒙的教育书籍，大多和道德有关。正因道德成为家庭教育的重点，道德也就成了家风的底色，所以唐朝人的道德水平整体都很高，这才有了盛唐的气象。

现在人们对道德似乎不像古代那样推崇了，不过，还是有很多名人特别看重道德，将道德视为家风的底色。

郑渊洁是非常著名的"童话大王"，他创作出的皮皮鲁和鲁西西、舒克和贝塔等都是非常有名的角色。郑渊洁创作童话故事有他的一套，在教育孩子方面同样也有独到的地方。郑渊洁非常重视道德教育，他认为做人如果没有底线，人生就会前功尽弃。因此，他以道德为家风的底色，时刻提醒孩子要有良好的道德。

道德能够让孩子有立身之本，将来无论做什么都可以有很好的前途。郑渊洁在教育孩子时有自己的想法，他没让孩子去上学，而是自己请老师来教孩子。但无论如何，他已经给孩子打好了道德的基础，孩子将来的发展也不会差。

贝多芬说："把'德性'教给你们的孩子：使人幸福的是德性而非金钱。这是我的经验之谈。在患难中支持我的是道德，使我不曾自杀的，除了艺术以外，也是道德。"

道德应该成为每个家庭的家风底色，当家风以道德为基，它所培养出来的孩子就会有良好的道德品质。这样的孩子会在充满物欲的社会中显得特立独行，所以他们也会格外显眼，能够脱颖而出。

当有些人总是以功利之心看待世界时，有道德的人可以用他们的道德品质，给他们上一课。用有道德的家风，培养出有道德的孩子。他们将成为别人推崇的对象，他们也将受到人们的欢迎。

诚信是立身之本

诚信是立身之本，它是非常重要的品质，是能够获取他人信任的根本因素，也是人们互相信任的基础。缺乏诚信是可怕的。

我们中国人向来讲究诚信，无论是做人还是做事都要诚信。我们的家风也要将诚信放在非常重要的位置，要求每一个家庭成员都讲诚信，不可以言而无信。

秦孝公时期，为了让秦国变强大，秦孝公发布命令，召集天下的人才，无论来自哪里，只要有才能，就可以做官。商鞅因此来到秦国，并给秦孝公提意见，说可以通过新的制度来使秦国变强。后来，秦孝公听从了商鞅的建议，让商鞅负责颁布新的法令。

商鞅知道，如果贸然颁布新法令，百姓可能并不相信。于是，他就在都城的南门那里竖起一根木头，并下令谁可以将这根木头扛到北门，就赏十两黄金。人们一听感觉很奇怪，这根木头并不重，只是将它拿到北门去，就能领到那么多钱，不像是真的。商鞅看没有人来扛木头，就继续提高赏金，变成了五十两黄金。最后，有一个人站出来，把木头扛到了北门。商鞅真的把约定的钱给了那个人。人们一看商鞅这么讲诚信，都开始信任他。

接下来，商鞅在颁布新法令的时候，人们都没有怀疑，纷纷按照新法令去做事。在新法令的帮助下，秦国开始变得强大起来，为秦国统一中国打下了坚实的基础。

这就是商鞅《立木为信》的故事。正因为商鞅讲诚信，所以百姓开始信任他，也愿意相信他颁布的法令。如果他没能赢得百姓的信任，相信新法令的实施会有更大的阻力，甚至可能无法推行成功。这就可以看出，诚信不但是立身之本，也是立国之本。

孟子的母亲对孟子的教育一直被人们所称颂。有一次，邻居家在杀猪，孟子就问母亲他们为什么杀猪。孟母随口说是要给孟子吃肉。但孟母很快就为自己刚才说的话感到后悔，她觉得这是在欺骗孟子，孟子可能因此也会变得不再诚信。想到这里，孟母便去邻居那里买了点肉回来给孟子吃，以表示自己刚才没有说谎。

这就是《买肉啖子》的故事。孟母在教育孟子时一直非常谨慎，结果随口的一句话差点将孟子教成了不讲诚信的人。孟母连忙补救，最终将这件事化解于无形。我们一方面赞叹孟母教育孩子的高明，一方面也为她的敏锐感到佩服。我们也能从这个故事中明白，在教育孩子时，诚信有多么重要。

对于一个家庭来说，要想让家庭成员听从家长的话，家长一定要有诚信。其身正，不令而行。有诚信的家长，大家都愿意听他的话，遵守家规家训。若是家长缺乏诚信，大家都不会把他当回事儿，因为他说话不算话。这样的家长无法管理好家庭，家庭成员可能会因此缺乏凝聚力，变成一盘散沙。

有智慧的父母都知道要在家庭中建立诚信，让诚信成为家风的一部分。在教育孩子的过程中，父母要对孩子讲诚信，不能说话不算话，同时也要求孩子讲诚信。

张女士的家风很好，家庭教育也做得很好，她一直要求家人要讲诚信。如今，儿子已经上小学三年级了，张女士开始教他做家务，不少家务劳动他们都是一家人共同承担的。

这天吃完晚饭，应该轮到儿子刷碗了。但是，儿子说今天学校开运动会，他感觉太累了，不想洗碗。张女士就对儿子说："本来可以让你改天再刷的，不过你前两天跟我说了，要连续刷一周的碗，我给你买遥控汽车。妈妈可是讲诚信的，说给你买一定会买，但是你也要讲诚信，不能偷懒。"儿子说："好吧。"然后不情愿地去洗碗了。

过了一会儿，张女士来到厨房，帮儿子一起洗碗。儿子很高兴，问她为什么过来帮忙。张女士说："妈妈当然可以帮你了，你不是说今天累了吗，妈妈怎么忍心让你累着呢。不过说过的事情还是要做的，这和妈妈帮你是两回事。"儿子明白了张女士话里的意思，对讲诚信的认知也更深了。

家庭成员之间彼此要相亲相爱，父母对孩子更是要爱护有加，但这并不妨碍每个人都要讲诚信，该做的事情就要去做。张女士在教育儿子的时候做得非常好，一码归一码，帮助孩子是应该的，但是讲诚信同样也是应该的。

在诚信的家风中成长起来的人，会将讲诚信当成理所当然的事情，自己说过的话，答应过的事情，就要努力做到。

我们的家风中要有诚信，因为它是我们的立身之本，也是我们中华文化的瑰宝。在诚信的家风下成长起来的孩子，才有可能堂堂正正、一诺千金。

第六章　家风如尺子，塑造优秀品格

孝老爱亲是一种优良家风

《孟子·梁惠王上》中说："老吾老，以及人之老；幼吾幼，以及人之幼。"在中国的家风当中，孝老爱亲一直是非常重要的，正因有这种观念存在，家族文化才能一代一代地向下传承。

孝老爱亲不是做给别人看的，它应该是传承在家风之中，刻在每个人的基本认知里，每个家庭成员都努力践行的。

唐代诗人孟郊在《游子吟》中说："慈母手中线，游子身上衣。临行密密缝，意恐迟迟归。谁言寸草心，报得三春晖。"当我们感受到父母的爱，我们自然而然就会生出真挚的情感，愿意去孝敬父母。这种发自内心的孝敬，和装样子的孝敬不同，它会融入我们生活的点点滴滴之中，让孝敬成为一种常态。

黄庭坚是北宋时期著名的文学家，他对待父母十分孝顺，也很重视对子孙的教育。他为家族编写了二十条家规，称为《黄氏家规》。这份家规中对孝道十分重视，说："对待祖宗，犹如水木之源，不可忘也；对待父母，犹如天地之大，务宜孝也。"

黄庭坚自己以身作则，极重孝道。他在外地游学做官时，日夜都在思念母亲。他在《初望淮山》这首诗中表示："三釜古人干禄意，一年慈母望归心。"回到家乡之后，黄庭坚每天会尽心尽力地伺候母亲，亲自给母亲清洗便桶。本来清洗便桶的事情他可以交给下人去做，但他认为孝敬父母是为人子女的责任，不应该麻烦别人，所以始终都是自己来做。母亲担心他每天太辛苦，不让他做，他却不以为意，说如果自己都不能为母亲排忧解难，又怎么能为天下人排忧解难呢？

在母亲病危时，黄庭坚日夜在母亲的病榻前伺候，一刻也不肯离开。苏轼称赞他说："瑰伟之文，妙绝当世；孝友之行，追配古人。"

黄庭坚自己对父母孝敬，成为子孙的榜样，又留下了严格的家规，所以黄家的子孙都很重视孝道。也正因如此，黄家后代发展得很好。据说只是在宋朝，黄氏家族就出了四十八位进士，其中有四人更是官至尚书。直至今日，黄氏家族所在的江西大山深处的双井村还有"华夏进士第一村"的美名。

孝老爱亲不仅是每个家庭都应该有的基本素养，还能够使孩子们拥有良好的品格，使家族长期健康发展。在孝老爱亲的过程中，上一辈人和下一辈人会紧密联系在一起，所有的优良品德都会得以传承。黄氏家族之所以能一直发展得那么好，正是因为他们有孝敬老人的家风传统。

现在的人工作太忙，照顾老人的时间不如古时候多了，但依旧有不少优秀的家庭，有孝老爱亲的优良家风。

冯玉祥是著名的爱国将领，人称"布衣将军"。他除了是在战场杀敌的铁血将军，还是对母亲孝顺的好儿子、对孩子关爱的好父亲。

在母亲病逝之后，冯玉祥因为伤心大病了一场。从此以后，每逢过生日，他都会闭门谢客，甚至连饭也不吃，为的是纪念母亲对他的生养之恩。

他还专门写了一首诗来悼念母亲："娘怀儿一个月不知不觉，娘怀儿两个月才知其情，娘怀儿三个月饮食无味，娘怀儿四个月四肢无力，娘怀儿五个月头晕目眩，娘怀儿六个月身重如山，娘怀儿七个月提心吊胆，娘怀儿八个月不敢笑谈，娘怀儿九个月寸步艰难，娘怀儿十个月才到世间。"为了能将这首诗永远记在心间，冯玉祥请人将它刻在了石碑上。这首诗情真意切，感人肺腑，至今仍在广为流传。

冯玉祥孝顺母亲，他也用这种家风影响了自己的子孙。他的孩子们也都很孝顺，而且发展得很好。

当一个家庭有孝老爱亲的优良家风时，这个家庭的孩子一定不会太差。孩子不仅能从家风中培养出良好品格，还能在和长辈相处的过程中，学到很多在别处学不到的内容。长辈的耳提面命，有时候比什么大道理都管用。

冯玉祥对母亲那样孝顺，是孩子们的好榜样。他培养出的孝老爱亲家风在冯家一直传承了下去，让冯家的后人发展得更好。

现在有些人无法做好家庭教育，归根结底是"孝"的缺失。离开了"孝"，家庭教育很难做好。如果我们不孝敬自己的父母，孩子有样学样，以后也很难孝敬我们。这样的家庭缺乏亲情，不是健康的家庭。

我们应该努力培养孝老爱亲的家风，让"孝"成为家风中的重要部分，让孝顺成为每个家庭成员的必备观念。这样的家庭会很和谐，在这样的家风熏陶下成长起来的孩子也会很优秀。

家风正，则人不斜

俗话说"身正不怕影子斜"，家风就好比身子，而每个人的品格就好比影子。家风正的家庭中，每个人的品格也都将是很正的，不会倾斜。当你看到一个堂堂正正的中国人，他的家庭成员基本也都是堂堂正正的人，因为他们都是同样的家风熏陶出来的。

物以类聚，人以群分。家庭是一个非常自然的"群落"。家风正，则整个家庭中的人都互相影响，每个人都会变得很优秀；家风不正，则整个家庭中的人都有可能变得不好。因此，我们有责任让家风正，它的影响太大，我们无法承受家风不正带来的恶果。

司马迁的父亲司马谈是一位非常优秀的史学家，他很有学问，而且有自己的原则，塑造了很好的家风。司马谈认为，在春秋和战国时期的混乱年代，史书没能好好记录，现在好不容易天下一统了，要将史书写好。所以他收集了很多资料，并书写了一部分的内容。后来，他身患重病，无法再继续下去。

司马谈去世之后，司马迁继承了父亲的遗志，收集整理了更多的资料，编写史书。有了父亲打下的基础，再加上司马迁的勤奋努力，最终写出了"史家之绝唱，无韵之离骚"的《史记》。这是一部非常优秀的史学巨著，不仅详细记录了历史，而且非常有文采。司马迁受父亲的影响，为人非常

第六章　家风如尺子，塑造优秀品格

正直，记录历史也是一丝不苟，所以后世人大部分都很相信他写的历史。

司马迁的家风很正，所以人也不斜。尽管他后来遭受了宫刑，但人们还是非常敬重他，因为他的人格很高洁。人们尊称他为太史公，在给他塑像的时候，经常给他留上胡须，因为在人们的心目中，他始终都是一个不畏强权、敢于说真话、顶天立地的男子汉。

古人对家风正很在意，认为家风正的家庭中会人才辈出，而且不会出小人。清朝的顺治皇帝写了一块"正大光明"的牌匾，后来一直挂在乾清宫。顺治皇帝最初想的，或许也是要正人心、正风气，让他们这个家族不出小人的意思。

现在的人们对家风正也很在意，会强调正能量，说正能量的话，做正能量的事。那些优秀的人会用家风来正观念，使自己的孩子拥有正确的人生观、价值观，让孩子在人格上顶天立地、正直不歪。

姜先生对自己的家风非常重视，平时对自己和妻子、女儿也都严格要求。正因如此，姜先生家的家风很正，每个家庭成员的为人也很正直。

有一次，姜先生不小心把架子上摆放的一个小花盆打碎了。他正准备收拾，忽然想到了什么，便把家里的猫抱了过来，放在了破碎的花盆那边。这时，妻子走了过来，看到花盆打碎了，随口问了一句："谁把花盆打碎了？"姜先生指了指猫："它刚才跳到架子那边，把花盆打碎了。"女儿立即说："不是这样的，是爸爸打碎了花盆，然后把小猫抱了过来。"姜先生反驳道："不是这样的，你刚才在看漫画书，根本没看到这边是怎么回事。"女儿说："我看到了，就是你，你冤枉小猫了。"妻子被姜先生的行为逗笑了："一个花盆而已，你可真行。"姜先生也笑了："是我打碎的，不过我想看看我们的宝贝女儿能不能说实话，是不是一个正直的人。

现在我非常满意，我们的女儿是一个非常正直的人。"

　　姜先生的家风很好，每个人都很正直。女儿不会为爸爸圆谎，而是选择说真话。妻子并不会因为事情本身发火，但是对事情的真相比较在意。家风正的家庭，就是大家都刚正不阿，容不得歪曲事实。

　　俗话说"帮理不帮亲"，我们的家风就应该是正直的、讲道理的。很多人只要涉及自己身边亲近的人，就开始帮亲不帮理，一味向着自己人说话，这是错误的。经常处在这样的环境中，人就会变得没有是非观念，头脑中充满错误思想。不管在什么情况下，我们都应该保持正直，是非分明。

　　十年树木，百年树人。人就像一棵树，如果不正，自然就长歪了，不能成才。家风正，家庭成员的心就正，人格就正。这样的家庭中，氛围会很好，子孙后代也都能够茁壮成长，成为堂堂正正、顶天立地的人。

品德传家，子孙受用一生

良好的品德让人的灵魂芬芳。在家风中嵌入品德这颗璀璨的宝石，将它传承下去，子孙就能受用一生。

王阳明是明朝时期著名的思想家，他为明朝做了很多贡献，他的"阳明心学"也被后世人推崇。王阳明提倡"知行合一"，要求人们不但要知道还要做到。王阳明自己不慕名利，拥有很好的品德，他在教育子孙时也要求子孙拥有良好的品德，并注重用良好的家风来影响子孙。

王阳明专门给子孙编写了《王阳明家训》。家训以三字经的格式写成，朗朗上口，方便孩子记诵。

幼儿曹，听教诲：勤读书，要孝悌；学谦恭，循礼仪；节饮食，戒游戏；毋说谎，毋贪利；毋任情，毋斗气；毋责人，但自治。能下人，是有志；能容人，是大器。凡做人，在心地；心地好，是良士；心地恶，是凶类。譬树果，心是蒂；蒂若坏，果必坠。吾教汝，全在是。汝谛听，勿轻弃。

从《王阳明家训》中，我们能看出，王阳明对"心地"很看重，所以他经常会要求子孙有良好的品德。他在给孩子写的信中说，一个人可以没有很多钱财，但不可以没有诚信，诚信是做人的根本。他要求孩子们乐于助人，帮助别人也就等于是帮助自己，心中有爱的人才能够得到他人的尊重。

家风影响孩子的一生

有一次，王阳明的儿子和邻居产生了争执。王阳明就写信劝他，不要因为一点小事就闹矛盾，做人要宽容。王阳明还教育儿子，做事要有毅力，遇到困难时不要放弃，只要肯坚持就能成功。他还要求孩子们生活节俭，每天有规律地生活。

王阳明的儿子不多，但他也不溺爱儿子，一直以严格的教育和家训来约束他们，使他们能拥有良好的品德。

人们常说"腹有诗书气自华"，其实家风中的品德对人的影响丝毫不亚于诗书，甚至比诗书影响更大。有些人可能没有读过多少书，但是从他们的身上能够看出中华文化的积淀，非常有文化的气息，品德也非常好，让人只一眼就感觉和蔼可亲。有人说。朱元璋"一字不识通六经"，就是因为他虽然不识字，但身上却有中华文化。

叶圣陶是中国现代著名的教育家，他教育孩子很有方法，会用良好的家风来让孩子成为优秀的人。在教育孩子时，叶圣陶对孩子的品德很重视，经常要求孩子不要骄傲自满。他给自己的书斋专门取名为"未厌居"，出版的小说集叫《未厌集》。他在小说的自序中写道："厌，厌足也。作小说虽不定是甚胜甚盛的事，也总得像个样儿。自家一篇一篇地作，作罢重复看过，往往不像个样儿。因此未能厌足。愿以后多多磨炼，万一有教自家尝味到厌足的喜悦的时候吧……"

叶圣陶有三个孩子，他给孩子们取的名字很好听，分别是至善、至美、至诚。由此可见，叶圣陶对他们的品德有很高的期望。但他在教育子女时并不严厉，总是循循善诱。

当孩子们的文章越写越少，而且还很难令叶圣陶满意时，叶圣陶并没有批评他们，而是鼓励他们继续写，只要能有进步就好。叶圣陶给了子女很大的自主权，但只要与品德有关的内容，叶圣陶就会格外重视。凡是涉及子女与他人之间关系的事情，叶圣陶一定会管。他总是教育子女："我是生活在人们中间的，在我以外，更有他人，要时时处处为他人着想。"

就连递给儿子一支笔，叶圣陶也要讲道理："递一样东西给人家，要想着人家接到了手方便不方便。你把笔头递过去，人家还要把它倒转过来，倘若没有笔帽，还会弄人家一手墨水。刀剪一类的物品更是这样，绝不可以拿刀口刀尖对着人家。"

叶圣陶重视孩子们的品德，从生活的点滴小事教孩子们养成好的习惯和品德。正因如此，孩子们个个都品德良好，并且他们也都像叶圣陶一样，很重视培养子孙的良好品德。

在教育孩子时，我们应该让他们有品德的概念，知道事情应该如何做，不应该如何做。如果没有树立正确的观念，他们很可能会受到外界的影响，去做没有品德的事情。我们要在家风中加入良好的品德，并在生活中处处提醒孩子保持良好的品德，不要被世俗的观念和行为带歪。

良好的品德让人的灵魂芬芳，也让人具有强大的吸引力。我们用良好品德的家风传家，家庭的每个成员都有亲和力，整个家庭也都会受到周围人的欢迎，子孙后代更是受用无穷。

崇德守礼永不过时

中国是礼仪之邦，中国人历来崇德守礼，这在任何时候都不会过时。

古人对礼仪十分看重，从小就教给孩子礼仪，并要求孩子遵守礼仪，不能随意破坏规矩。孩子在规矩的约束之下，逐渐养成了良好的习惯，于是便更容易成才。

崇德守礼的人往往对自己的要求很严格，对他人则恭敬有礼，不会看不起别人。这样就会养成谦逊的品格，从而在将来发展得更好。

唐太宗李世民教育孩子时总是很认真，他会严格要求自己的儿子们，让他们崇德守礼。

李世民给儿子们选的老师都是学问很好并且是德高望重的人，他担心儿子们仗着身份不尊重老师，经常反复告诫他们对老师要守礼。

有一次，太子的老师李纲因为脚患了病不能走路。一般情况下，只有皇帝或嫔妃才能在皇宫里坐轿，但李世民听说是李纲走路不方便，就下令李纲可以坐轿进宫，还要求太子亲自去迎接自己的老师。

李世民让礼部尚书王珪给他的四儿子当老师。后来，听说四儿子对王珪不尊重，李世民顿时很生气，告诉四儿子以后见了王珪要像见到自己一样尊敬，不能有半点轻视。

由于李世民对子女的教育十分严格，所以他的孩子们虽然身份尊贵，却都能够崇德守礼，没有骄横之气。李世民教育孩子的这些事情，也被人们传为美谈。

一个人无论有什么样的身份地位，都应该崇德守礼，不能骄横跋扈，即便是皇帝或皇帝的子孙也不例外。李世民要求孩子们尊重老师，其实也就教会了他们崇德守礼，让他们懂得守规矩。

古人都比较注重道德礼仪，无论做什么事情，都有很多相关的规矩。现在我们似乎没有那么多规矩要守了，但教育孩子时，也要注重崇德守礼，这是永不会过时的。

朱自清是中国现代著名作家，他写的散文《背影》以及《荷塘月色》受到很多人的喜爱。

朱自清对自己要求很严格，谦逊崇德，客气守礼。他还在日记中写道："谦谦君子，卑以自牧。"和朱自清相处过的人都能感觉到他非常有修养，有不少人觉得他是一个拥有"最完整的人格"的人，是"少有的君子人"。

《论语》中说："吾日三省吾身。"朱自清几乎做到了这一点。他经常在日记里反省自己的言行，如果感觉有什么问题，便会立即自我纠正。这使得他的人格不断趋向完美，也使他的德行更好，对他人的礼仪更周到。

朱自清对自己严格要求，对自己的孩子也同样如此。孩子们在他的影响下也都崇德守礼，做事十分有分寸。

朱自清的二儿子朱闰生在日报社做校对工作，后来因为工作出色，被调到了编辑组。朱自清便告诉他，他的学识和经验还不够，现在就调到编辑组，实在是跳得太快了一些。随后，朱自清又叮嘱他，既然已经调到了编辑组，那就要尽职尽责地工作，不能因此产生骄傲自满的情绪。

朱自清的三儿子朱乔森从小生活就很俭朴，平时骑着一辆十分破旧的自行车。他对自己很"吝啬",对别人却很大方,给灾区捐款捐物时毫不犹豫。朱乔森后来长期从事教学研究工作,把一生都奉献给了祖国。他始终秉持着崇德守礼的良好家风,以父亲朱自清为榜样,从来不会摆派头,只勤勤恳恳工作,对任何人都非常有礼貌。

朱自清的孙子朱小涛在接受《解放日报》采访时说:"我的祖辈们在生活和事业上留下的点点滴滴、枝枝叶叶,像清澈的溪水,一直在滋养着朱家后人。"

朱自清一直是一位崇德守礼的谦谦君子,他的子孙也像他一样,对自己严格要求,成为各自岗位上的优秀人才。

当我们的家风中有崇德守礼的基因,我们的孩子就会变得敦厚而谦逊。他们不会被外界的声音所侵扰,会有自己的主见。无论何时,他们都会遵守自己内心的道德标准,会对他人客气有礼。这样的人在生活中是受欢迎的,在工作中是踏实肯干的,当然就比别人更容易获得成就。

如果我们能严格要求自己,做到崇德守礼,我们的孩子就会以我们为榜样,也能逐渐变得崇德守礼起来。我们再将崇德守礼变成家风,世代传承下去。那么,不仅我们的孩子会变得优秀,我们的子孙后代也都会变得很优秀。

第六章　家风如尺子，塑造优秀品格

好家风的核心是向上、向真、向善

良好的家风一定是积极正面的，它能使人向上、向真、向善，让家庭和个人都变得越来越好。古人之所以重视家风家训，也正因如此。

从古代流传至今的那些优秀家风家训，往往都能够给人积极的力量。它们或能使人养成良好的行为习惯，或能使人产生正确的观念，又或能给人带来心灵的慰藉，总是能让人变得更好。

东方朔是西汉时期著名的文学家，他很受汉武帝赏识，经常能在汉武帝身边谈论一些国家大事。东方朔的语言幽默诙谐，使人很愿意听他讲话。

东方朔和一般文人要做隐士的态度不同，他积极入朝为官。在《汉书》中有记载，东方朔自己向汉武帝推荐自己，受到了汉武帝的赏识，这才能做官，并在汉武帝身边出谋划策。

东方朔的处世态度积极向上，对儿子的训诫也以积极向上的态度为主。他在《戒子诗》中写道："明者处世，莫尚于中。优哉游哉，与道相从。首阳为拙，柳惠为工。饱食安步，以仕代农。依隐玩世，诡时不逢。才尽身危，好名得华。有群累生，孤贵失和。遗余不匮，自尽无多。圣人之道，一龙一蛇。形见神藏，与物变化。随时之宜，无有常家。"其中，"以仕代农"正是他鼓励子孙入朝做官，是十分向上的一种态度。

东方朔的儿子受到他的影响，也做了官，并且发展得还不错。在东方朔家风家训的影响下，他的后世子孙家风也都保持了积极向上的态度。

我们经常看到古人做隐士，像东方朔这样鼓励子孙做官的人似乎并不是很多。其实，这种积极向上的家风是很好的。如果子孙有能力，自然可以去"为官一任，造福一方"。

良好的家风除了向上之外，往往还有向真的属性。很多优秀的家风家训都会教育子孙向真，因为真实才是正道。

陶行知先生是一位伟大的教育家，他不但很会教育学生，也很会教育自己的子孙。他一生追求真实，从来不弄虚作假。他以这样的标准要求自己，同时也要求自己的子孙。他说："千教万教教人求真，千学万学学做真人。"

陶行知的儿子陶晓光有一次到一家无线电厂找工作，厂家要他出示学历证明。陶晓光在无线电方面有专长，但他并没有学历。为了能正常上班，陶晓光就托关系办了一张假的毕业证书。很快，这件事传到了陶行知的耳朵里，他立即要求儿子将学历证书还回去。他还专门写信告诉儿子："我们必须坚持'宁为真白丁，不做假秀才'的原则。"他还要儿子始终牢记"追求真理做真人"。

陶行知其实从来都不重视学历和文凭，他更看重的是实际工作能力。不过，儿子用假学历来骗人，这是不可接受的。他要求孩子必须做说真话的"真人"。正因有了陶行知的严格约束，他的孩子们都发展得很好，他的子孙也都拥有良好的品质。

真话即便不太好听也胜过好听的谎言。陶行知能用"向真"的家风教育孩子们，让孩子们始终做说真话的"真人"，所以他的子孙后代都能养成良好的品质。

向善也是好家风的一个核心，善良应该是优秀家风中的共同点。

老舍是中国现代著名文学家，被誉为"人民艺术家"。老舍小时候家里很穷，后来得到一位亲戚的资助才有钱去上学。他的这位亲戚为了做慈善，把家财都散尽了。老舍也向这位亲戚学习，只要有机会，他就会帮助那些遭遇困境的人。

老舍无论对朋友还是陌生人，都非常善良。他也用这种善良的家风来影响孩子，并教育孩子们要善良。

老舍很爱孩子，他经常和孩子们一块儿玩耍，无论是下棋、写字还是放风筝，老舍都能和孩子们玩到一起。在和孩子们玩耍的同时，他的思想观念也不断影响着孩子们。让孩子们有了他那样的思维方式，有了他那样看世界的眼光，也有了他那样对所有人的善良。

老舍对孩子们的教育非常成功，他的孩子们也继承了他善良的品质，并将这种善良的家风延续了下去。正因为善良，所以老舍的孩子们到哪里都有很好的人缘。他们各自发展得很好，都在自己的工作岗位上有不错的成就。

法国作家雨果说："人世间最宝贵的是善良。"我们应该培养孩子善良的品质，而这用良好的家风来实现是最好不过的。当我们的家风中有善良的因素，孩子自然而然就会变得善良。

好的家风都是相似的，它拥有向上、向真、向善的核心，能让孩子充满朝气、向真向善。在这样的家风中成长起来的孩子，一定可以成为栋梁之材；有这样家风的家庭，也一定会发展得很好。

节俭家风是传统美德

节俭是中国人的一种美德。我们从来不认为有钱或奢侈是享受,而认为节俭才是每个家庭都应该有的风气。

邓稼先是著名的两弹元勋,他一生视名利如粪土,一心只为报效祖国。他生活非常节俭,虽然国家给他配了专车,但他每天还是骑自行车上下班,除非工作需要,否则从来不乘车。国家给他分配的住房,他也坚决不住,一直住在自己的旧公寓中。

受到邓稼先的影响,他的子女也都生活节俭。他们平时穿的衣服都很普通,对于高消费和时髦的物品从来不感兴趣。他们平时吃的东西也很普通。邓稼先有一次去看女儿,把自己节省下来的几罐肉罐头拿给了女儿,看着女儿吃得狼吞虎咽,他一时有些感觉对不住女儿。即便是到国外留学,他们依旧保持了俭朴的生活态度,连衣服都是直接从家里带过去的。

虽然生活俭朴,但邓稼先的子女精神上却十分富足。得知女儿受到外界的影响,无法静下心来,邓稼先将一首陶渊明的诗送给女儿:"结庐在人境,而无车马喧。问君何能尔?心远地自偏。"女儿明白了他的意思,心情终于平静了下来。儿子邓志平回忆起父亲时也说:"我在父亲那里学到了一种平凡而安静的生活态度。"

邓稼先的家风非常好，每一个家庭成员都生活俭朴，这十分可贵。现在有些人只要家里有了钱，就开始不注重节俭了，这是要不得的。邓稼先的家风值得我们学习，无论我们的身份地位如何，家里的财富多少，都应该始终保持节俭的家风。

我们中国人的家风历来主张节俭。这不但能够让每个家庭成员养成节俭的习惯，还能为家庭节约开支，让家庭的财富逐渐积累起来。

楚先生的家风十分节俭，家里的物品全都是只选对的不选贵的，平时从不浪费任何资源。他对妻子的要求和女儿的教育也是如此，一家人都很节俭。

在吃饭的时候，楚先生总是按照女儿的饭量给女儿盛饭，只会少不会多，因为少了还可以再添，多了就会剩下，容易产生浪费。他要求女儿把饭吃干净，碗上不可以粘有饭粒。对于盛菜的盘子，楚先生也是光盘行动，每次都把盘子里的菜吃得干干净净。

对于用水，楚先生要求女儿每次洗手时不可以把水龙头开得很大。在手上搓香皂的时候，要先把水龙头关上，避免浪费。在使用完之后，要关好水龙头，不要出现忘记关水龙头或者水龙头关不严的情况。

对于用电，楚先生家里装的都是节能灯，而且他要求女儿，在不使用灯的时候，要及时将灯关掉。

穿衣和其他的生活用品，楚先生都要求能用就不可以随意丢弃，不买奢侈品，多买国产的物品，因为物美价廉。

在很多人为生活费用高而伤脑筋时，楚先生几乎从没有为生活花销太高而发过愁，因为一家人的生活都很节俭，只有正常生活的开销，没有任何过分的用度。孩子在他的教育下，也对各种各样的广告不在意，只买真正实惠好用的东西，价值观非常正。

当前有不少商业广告总在教人们"寅吃卯粮",教人们高消费。他们制造出各种奢侈品,炒高各种物品的价格,并让人们进行各种不必要的消费,所以人们总是感觉自己的钱不够花。楚先生没有受到外界的影响,坚持中华文化的传统美德,在家里营造节俭的家风,使得家庭花销在完全可控的范围,也使得自己的孩子有正确的价值观。

对于节俭,我们要有正确的认知,不要奢靡浪费,但也不要为了节省而变得吝啬。节俭的度是"当用不省,当省不用",正常的生活该用的就要用,不需要用的则不用。

当节俭的意识逐渐开始回到我们的思想当中,我们就会变得正常起来,不会再被各种各样的广告洗脑了。我们现在最缺的就是这种能够独立思考的思想和不被媒体左右的清醒与定力。

当我们在家庭中培养出节俭的家风,孩子从小就能学会节俭,不会被外界的奢华迷了眼。孩子将会有正确的价值观,会成为真正对社会有用的人。

第七章

家风如典籍，
做好传承中的建设与修炼

经典的书籍是我们行为的准则，弥足珍贵。良好的家风就像是那些经典的书籍一样，会在潜移默化中影响我们每一个家庭成员的思维与行为习惯，让我们在不知不觉中蜕变成长，成为更优秀的人。

家有正气，家风纯正

正气是中国人非常在乎的，也是中华文化的特点。中华文化一身正气，所以才能绵延千年。家风也应该是有正气的，正气存于内，则邪气不可干扰。一点浩然之气，千里快哉之风，正气充足的家风将荡涤一切污秽，让人的内心充满正气。

孟子说："吾善养吾浩然之气。"说的就是培养自己身上的正气。正大光明、堂堂正正的气质，也正是由身上的正气所产生的。同时，正气让人有骨气和勇气，不怕困难，永不退缩。能够做到"泰山崩于前而色不变，猛虎踯于后而魂不惊。"有些人看上去很猥琐，做事也畏首畏尾，有点风吹草动就吓得不知所措，就是因为缺乏正气。

辛弃疾是南宋时期著名的爱国将领。他又是一位豪放派词人，和苏轼齐名。他的一生命运多舛，虽然一直想着恢复中原，最终却没能成功。不过，他的家风自有一股爱国的正气，家风十分纯正。

辛弃疾一心想的是天下大事，对自己的个人得失从不放在心上。在他的影响下，他的孩子们也都淡泊名利。

孩子们并没有像父亲那样出来做官，而是像普通老百姓那样生活，却始终安贫乐道。辛弃疾在《清平乐·村居》这首词中写："茅檐低小，溪上青青草。醉里吴音相媚好，白发谁家翁媪？大儿锄豆溪东，中儿正织鸡笼。最喜小儿亡赖，溪头卧剥莲蓬。"这就像是一个普通老百姓家的生活，一点都不像是做官的人家。

辛弃疾五十多岁时，恢复中原的抱负还没有实现，他知道朝廷软弱，自己的愿望终将是空想，于是打算辞官归隐。他的儿子却不想让他现在辞官，因为田产还没有置办。辛弃疾顿时严厉批评了儿子。他没想到在他的影响下，儿子居然还惦记着这种身外之物。

为此，辛弃疾专门写了一首词《最高楼》："吾衰矣，须富贵何时？富贵是危机。暂忘设醴抽身去，未曾得米弃官归。穆先生，陶县令，是吾师。待葺个园儿名'佚老'，更作个亭儿名'亦好'，闲饮酒，醉吟诗。千年田换八百主，一人口插几张匙？便休休，更说甚，是和非！"

辛弃疾的这首词既是批评儿子，也是给儿子讲道理。儿子读了他的词之后，明白自己的想法错了，急忙改正了过来。

辛弃疾作为一个有远大抱负的爱国将领，一生从不追求高官厚禄，只想着帮国家做些事。尽管最终事与愿违，但他的家风始终很纯正，家庭中有一股正气。他的孩子们在这种好家风的影响下，思想观念很纯正。即便偶尔有错误的想法，也会被辛弃疾及时纠正。

辛弃疾虽然没能帮南宋收复失地，但他教育出来的孩子们都有高尚的品格，他留下来的家风也滋养着家族中的一代又一代人。

于敏是中国著名核物理学家，被誉为中国"氢弹之父"。为了祖国的发展，他几十年如一日，默默地工作着。身边的亲人没人知道他的身份，连他的孩子也不知道他的工作是什么。直到后来国家解密之后，家人才知道了他给国家作出了那样大的贡献。

于敏的家风很有正气，他认为家国一体，要爱家首先得爱国。他这样要求自己，同时也要求自己的家人。于敏有一个堂弟，在国企改革中受到了很大的影响。于敏给他寄去一笔钱，并鼓励他为国分忧。

于敏很钦佩政治家管仲的爱国情怀，用管仲的"仲"字谐音给孙子取了个小名叫"重重"。他教孙子背诵《满江红》，用自己最爱的这首词给孙子启蒙，培养孙子的爱国情怀。

于敏教育孩子们要淡泊名利。当孩子们因为他获得了"全国劳动模范"称号而兴高采烈时，于敏像平常一样淡然处之。即便是荣获"两弹一星"勋章时，于敏也只不过和家人吃了一顿饭小小庆祝了一下，之后就再也没提起过。

受到于敏言传身教的影响和良好家风的熏陶，于敏的孩子们也都养成了淡泊名利和谦逊的品格。有一次，媒体采访了于敏的儿子于辛。于辛的大学同学和单位同事在节目中看到他，这才知道他是于敏的儿子。他们都为于辛的"深藏不露"感到惊讶和敬佩。

于敏淡泊名利、生活俭朴，他的生活从来都是只满足最基本的需求。孩子们和他一样生活俭朴。他们一家人不但没有因为身份向国家要过特殊待遇，反而过得比普通人家更为节俭。于辛读大学时经常走路回家，有一次母亲让他坐公交车，他却觉得走路也挺好的，依旧选择了走路。

于敏的家风充满正气，这纯正的家风培养出了孩子们爱国、勤俭、淡泊名利等一系列良好品质。相信如果将这良好的家风传承下去，于敏的子孙后代会都发展得很好。

当家庭的风气很正，家庭中就不会有各种各样的麻烦事。所有家庭成员都能在这样的环境中培养出浩然正气，拥有大的格局。我们如果能努力培养家庭的正气，孩子也会变得很大气，将来成为更优秀的人才。

第七章　家风如典籍，做好传承中的建设与修炼

没有规矩，难成家风

俗话说"没有规矩，不成方圆"，家风要教育家庭成员，并成为家庭成员的行为准则，所以要有自己的规矩，并且能真正对家人形成约束力，这样才可以。如果家风没有约束力，即便规矩定得再好，没有人遵守，也是不行的。

小孩子会经历一段叛逆期，他们本来就不太愿意听从父母的教导，可能觉得那些教导啰唆、多余。如果家风并没有产生严格的约束力，孩子们就不会去遵守。因此，不管孩子们愿不愿意接受，父母都要从小就给孩子立下规矩，并且始终坚持。给规矩一个"神圣不容侵犯"的属性，这样才能对孩子产生更强的约束力。

左宗棠是晚清时期著名的政治家、军事家，他收复新疆，为中国的统一作出了重大贡献。左宗棠平时对自己和身边的人要求严格，所以在别人看来，他待人有些苛刻。但熟悉他的人都知道，他只是凡事都有规矩，凡事都遵守规矩。

左宗棠的家风中处处都是规矩，但他对家人和孩子们的爱却是很深沉的。即使每天政务繁忙，他也不忘给家里人写家书。左宗棠流传至今的家书就有163封，可见他对家人深厚的感情。

他的家规家训几乎全是规矩：要求子孙保持廉洁，不属于自己的钱一

分也不能拿；要求子孙自食其力、艰苦奋斗；要求子孙心怀天下，敢于担当；不许子孙修缮旧屋；不许子孙聚财；不许子孙和纨绔子弟交往。

在左宗棠的严格要求下，左家的人全都规规矩矩，谁也不敢有出格的行为。当时的人们称赞说："公（左宗棠）立身不苟，家教甚严。入门虽三尺之童，见客均彬彬有礼。虽盛暑，男女无袒褐者。烟赌诸具，不使入门，虽两世官致通显，又值风俗竞尚繁华，谨守荆布之素，从未沾染习气。"

在左宗棠严格的规矩管理之下，他的家人和子孙都拥有非常好的品格。后来清朝灭亡，由于左家平时并不聚财，家里没什么积蓄，和普通人家没有太大的区别。但左宗棠的子孙个个争气，很快就在各个领域崭露头角，家族中后来也一直人才辈出。

父母应该爱孩子，但不可以溺爱孩子。左宗棠用有规矩的家风来教育自己的子孙，让子孙养成良好的习惯和品格。即便后来清朝灭亡，他们不再是官宦之家，但依旧能很快在各个领域发展起来，人才辈出。

左宗棠是正确的。他思虑深远，知道钱财都是身外之物，所以不让家里人聚财。他用有规矩的家风将子孙都培养成优秀的人，所以他的家族在任何时候都能发展得很好。

羊祜是西晋时期著名的文学家。他是泰山羊氏的后人，祖辈皆以清廉和有德行远近闻名。

羊祜的家风很好，他自己又是很守规矩的人，平时从来不做出格的事情。他一生清廉节俭，对后辈的教育也特别注重规矩。有一次，羊祜的女婿劝他购买一些田产家业，这样即便以后不再做官了，也能有个归宿。羊祜并没有答应女婿，而是告诫自己的女儿，女婿所说的那些话是不可取的，作为官员不可以经营私业。他要求女儿牢记他的话，不能违反这个规矩。

羊祜没有儿子,他的两个哥哥去世之后,他代替兄长教育侄子们。在给侄子们写的《诫子书》里要求侄子们对人要恭敬有礼,做人要谨言慎行。要诚实守信,行为敦厚、恭敬。不要空口许诺给人钱,不要传闲话,不听别人说是非。听到别人的过错不要乱讲,要先思考再做事等。

如果只要求后辈守规矩,自己却不守规矩,后辈可能不会信服。羊祜一生都很守规矩,对自己的要求比对后辈的要求更加严格。他对父亲十分孝敬,对他人恭敬有礼,平时做人谨守本分,生活俭朴,即便是和他政见不合的人,也很难在他身上挑出问题来。羊祜的品德在当时深受大众的认可,大家也很尊重他。

羊祜用规矩来约束自己,也用规矩来训诫后辈,所以羊家的后世子孙品格也都很好,并且继承了羊家的优良家风。

没有规矩的家风不是好家风,因为无法约束孩子,只会使孩子走上错误的道路。家风应该能纠正孩子的错误,让孩子始终走在正确的道路上,这就必须有规矩才行。

我们不需要什么事都强制要求孩子去做,但在关键的事情上,该强势就要强势一点。孩子一开始或许会不理解,但当他们长大之后就会感谢父母当年果断纠正他们的错误,让他们避免犯错。

家有爱意，家风和睦

家应该是充满爱的地方，只有爱才可以让家庭永远保持和睦。人与人相处的过程中，难免会产生一些摩擦和不愉快，即便是亲人，也在所难免。实际上，在教育孩子的时候，不少父母都被孩子气得跳脚，和孩子吵架更是家常便饭，所以这种小的不愉快可以说有很多。在这种时候，我们要用爱来化解争端，让孩子不会因为吵架而产生抵触父母的心理。

中国人的爱一般不喜欢挂在口头上，我们的爱是放在心里并落实在行动上的，讲究"行胜于言"。中国文化含蓄内敛，只做实事，不搞噱头。

《颜氏家训·教子》中说："人之爱子，罕亦能均；自古至今，此弊多矣。贤俊者自可赏爱，顽鲁者亦当矜怜。有偏宠者，虽欲以厚之，更所以祸之。"

这段话主要的意思是，如果父母对孩子过于宠爱，不但不会让孩子好，反而可能害了孩子。因此，我们在爱孩子时，要考虑得更多、更周到。在给孩子提供充满爱与和睦的家庭环境之后，还要注意把握分寸，不要溺爱。

中国人对爱的理解很深刻，是"父母之爱子，则为之计深远"。所以这种爱并不一定表现在表面上，甚至孩子可能一开始根本感受不到。但当孩子在某些特定的时候，比如遇到了困难、挫折或犯了错误的时候，他们往往能感受到那股深沉浓厚的爱。像冬天的太阳一样让他们感到无比温暖，给他们积极向上的力量，永远不会抛弃他们。

茅盾是中国现代著名作家，他出生在一个大家庭当中，后来家族没落，他的生活变得困苦起来。在茅盾很小的时候，父亲便去世了，母亲将他抚养长大。他后来爱上了文学，成为一名作家。

茅盾非常注意在家庭中培养和睦的气氛，让每个孩子都感到很公平。在这样的家庭环境中成长起来的孩子，他们充满爱意，能和睦相处。茅盾的孩子将这种和睦的家风延续，使茅盾的子孙都能受到良好的家风熏陶。

茅盾的孙子沈韦宁说："在我眼里，茅盾就是一位普通的、慈祥的、温和的、善良的祖父。"他还说："他也从来没有真正要求我一定要做什么，而是引导我，发掘我对事物的兴趣，支持我做所有的事情。"

茅盾在家庭中创造出和睦的家风，让每个家庭成员都能感受到温暖的爱。因此，茅盾的子孙能够在这家风的影响下健康成长。同时，如果孩子们哪里做得不对了，茅盾也有可能会视犯错程度来进行管束，甚至发火。

沈韦宁在谈到茅盾时说："他没什么架子，相反，他对小孩子倒是有一点宠溺，仅对我发过一次火。"可见，茅盾也是会发火的，并不会一味地宠溺孩子。

王夫之是明末时期著名的思想家。王夫之的家风非常好，他的家充满了爱意又十分和睦。

王夫之的父亲王朝聘对子女的教育很严格，但这种严格并非打骂孩子，而是在有爱意的状态下的严格。当孩子们犯错时，王朝聘并不会声色俱厉，他会很温和地给孩子们讲道理，让孩子们明白自己为什么不对，以后应该如何做。王朝聘不许他的孩子们玩马球等游戏，他认为这是一种类似杂耍的游戏，不利于孩子们的身心健康。但他并不会强制孩子们，而是拿出围棋，教孩子们下棋。他用这种转移注意力的方式，让孩子们将兴趣转移到他认为更好的方向上来。

平时没事，王朝聘会像和朋友聊天一样，和孩子们闲话历史，讲一讲有哲理的内容等。王夫之头脑比较灵活，有自己的想法，有时候也会说错话。王朝聘并不会责怪他，而是因势利导，让王夫之明白自己错在哪里，继而纠正错误的观念。

王夫之继承了父亲传下来的家风，在教育子女时也充满爱意。他会用诗歌来教育子女，使子女从小就立下远大的志向，养成良好的品格，不受世俗的侵扰。他说："立志之始，在脱习气。习气熏人，不醇而醉。其始无端，其终无谓。袖中挥拳，针尖竞利。狂在须臾，九牛莫制。岂有丈夫，忍以身试。焉有骐骥，随行逐队。无尽之财，岂吾之积。目前之人，皆吾之治。特不屑耳，岂为吾累。潇洒安康，天君无系。以之读书，得古人意。以之立身，踞豪杰地。以之事亲，所养惟志。以之交友，所合惟义。"

不同于普通人教育孩子的声色俱厉，王夫之的家风显得非常和睦，教育子女时也是充满爱意的。正因如此，王家的子孙都很愿意接受长辈的教导，也能继承长辈的优良品质。

王夫之父子在教育子女的过程中十分温和，但同时又很严格。在充满爱意与和睦的家风之中，将孩子的良好品质以及正确思想培养了出来。这样的家庭教育十分优秀，这种和睦的家风也有利于孩子的成长。

周国平说："一个人事业再辉煌，在社会上成就再大，如果不能与家人和睦相处，甚至完全没有时间和家人相处，家则不能称为家。"

我们要在自己的家中创造有爱的环境，家庭成员在这样的环境中会更加相亲相爱。孩子在这样的家风影响下，会更理解父母，就会有更广阔的胸襟，有关爱他人的心，他们的未来也会发展得更好。

坚守底线，家风清廉

人生中总会遇到各种各样的诱惑，面对诱惑时能坚守底线就是优秀的人。但是，有不少人会对诱惑动心，导致犯错误。培养孩子坚守底线的坚定信念，需要从小抓起。用清廉的家风让孩子将坚守底线融入潜意识当中，自觉拒绝外界的诱惑，守住本心。

古人学而优则仕，很多读书人都有做官的机会，所以一般在教育子孙时，往往也会要求自己的孩子为官清廉。现如今，家风清廉也还是很有必要的，能让孩子信念坚定，在看到诱惑时不起贪念。

戚继光是明朝时期非常优秀的军事家，也是抵抗倭寇侵略的民族英雄。戚继光的家风非常好，他的父亲从小就教育他要为官清廉，而他也将这一良好的家风继承了下来，教育子孙后代要廉洁奉公、坚守底线。

戚继光祖上都是军人，为国家立过战功，有世袭的官位。父亲戚景通一生为官清廉，刚正不阿，继承了戚家的清廉家风。在教育戚继光时，戚景通重点将"忠孝廉洁"四个字圈了出来，让戚继光务必清楚这四个字的含义。为了能让戚继光将这四个字铭记于心，戚景通还找人把它们写在了墙上。从此以后，戚继光便对"忠孝廉洁"有了深刻的认识，并在今后为官的过程中做到了这四个字。

有一次，戚继光穿着一双新绣花鞋从院子里走过，正好被戚景通看到了。戚景通顿时严厉责备了他，说他小小年纪衣服就穿得如此奢华，实在是不应该。鞋子只不过是用来走路的，穿着舒服并且结实就够了，没必要绣花。小时候就这么讲究穿戴，以后长大了肯定会想更奢华。

听了父亲的责备，戚继光连忙将绣花鞋脱掉，重新穿上布鞋。自此以后，戚继光对生活中的任何细节都格外注意，生活变得十分俭朴。正因戚景通能从细节抓起，教育戚继光保持俭朴，不养奢靡之气，所以戚继光才能真正形成不爱享受的品格，也为他今后一生为官清廉，能坚守底线打下了坚实的基础。

后来，戚继光为国家立下了很多战功，官也做得很大。但他从来没有拿过不属于自己的钱，即便是自己的俸禄，他也经常拿出来用在公事上。在他去世时，几乎没有给子孙留下遗产。

戚家的家风清廉，所以能培养出戚继光这样清廉的好官。在戚家良好家风的影响下，从戚继光的祖上到戚继光的父亲，再到戚继光的子孙，几乎没有不清廉的。这就是家风的力量，甚至比律法的约束还有效。

陈毅元帅是新中国的十大元帅之一，他一生清正廉洁，从不做以权谋私的事。他不仅自己清廉，也在家里培养清廉的家风，帮助孩子们养成良好的品格。

陈毅的清廉几乎是刻在骨子里的，凡事都考虑得非常周全。在他担任上海市市长时，他的妹妹曾希望他能帮忙写个条子，安排她上大学。但是，陈毅当场便拒绝了妹妹的请求，还让妹妹凭自己的本事考大学，他不能以权谋私。

陈毅对孩子们的品格特别在意，经常提醒夫人，千万不能让孩子染上不良的习惯，也不要让孩子太娇气，不要让孩子有优越感。

老大的衣服小了就给老二穿，老二的衣服小了就给老三穿。虽然衣服已经补了不少补丁，穿着也不是很合身，但孩子们谁都没有怨言。陈毅对孩子们不在意衣着是否光鲜的表现很高兴。在吃饭方面，陈毅也从不搞特殊，全家每顿饭都是一荤一素一汤，按照规定的标准来。在送孩子们上学时，陈毅从来不用车接送。由于孩子们的穿着和学习用品都和普通人没有区别，所以没人知道他们是陈毅家的孩子。

陈毅对孩子们的学习也很关心，教育孩子们要多读马列著作。他曾给二儿子陈丹淮写过这样一首诗："小丹赴东北，升学入军工。写诗送汝行，永远记心中。汝是党之子，革命是吾风。汝是无产者，勤俭是吾宗。汝要学马列，政治多用功。汝要学技术，专业应精通。勿学纨绔儿，变成百痴聋。少年当切戒，阿飞客里空。身体要健壮，品德重谦恭。工作与学习，善始而善终。人民培养汝，报答立事功。祖国如有难，汝应作前锋。试看大风雪，独有立青松。又看耐严寒，篱边长忍冬。千锤百炼后，方见思想红。"

在陈毅的言传身教和清廉家风的影响下，他的孩子们个个都拥有良好的品德，在今后的生活和工作中都能坚守底线，成为品格高洁的人。

我们普通人的清廉和官员不同，但也有相似的地方。我们应该从小教育孩子不贪，而这则需要从教育孩子俭朴开始，就像戚继光的父亲教育他不要穿绣花鞋，就像陈毅教孩子们勤俭节约。当孩子对奢靡的物品不感兴趣时，金钱对他们的诱惑也就没那么大了。

我们在家中培养清廉的家风，孩子耳濡目染之下，他们的思想也会变得深刻，品格也就会变得高洁。

第七章　家风如典籍，做好传承中的建设与修炼

言传身教，互相监督

家庭教育当中，言传身教非常重要。在言传身教中，父母应该和孩子保持一致，遵守同样的规矩，这样孩子才会心甘情愿地守规矩。如果我们自己都做不到的事情，却要求孩子去做，或者我们要求孩子，却让自己有特权，那么孩子心里会不服气，也不愿意听从我们的管教。

我们的家风一定要是公平的，对所有人都一视同仁。我们在要求孩子的同时，也要以同样的标准来要求自己，并且还要让孩子来监督我们。这样一来，大家都是平等的，互相监督，谁也别不服气。在这样的家风中成长起来的孩子，内心会非常认同人人平等这个思想。

陶侃是东晋时期的名将，当时的政局动荡不安，风气也不是很好。陶侃的家风很好，母亲从小就教育他要洁身自好。陶侃牢记母亲的教诲，在做官之后，一直清正廉洁，对待下属和百姓都很好。

有一次，陶侃的下属看他生活过得非常清贫，就利用职务之便从鱼品腌制坊拿了一坛糟鱼给他。陶侃本来不想收，但想到母亲喜欢吃糟鱼，自己平时没钱给母亲买，于是便收下了。然后，陶侃借同事出差之机，让同事帮忙将这糟鱼带到家里。

陶侃的母亲见他给自己送来糟鱼很是开心，但又担心太贵了，就随口问了一下糟鱼的价格。那人说不用花钱买，如果陶母想吃，随时可以给她

送来。陶母听了这话，顿时明白了，她把糟鱼坛子重新封好，让对方将它带回去，并写信严厉批评了陶侃："汝为吏，以官物见饷，非惟不益，乃增吾忧也。"

陶侃收到了母亲的信，感觉十分愧疚。他深刻认识到了自己的错误，从此以后行事更加注重细节，直到晚年告老还乡之时，也从不曾拿过公家一点东西。

我们在严格要求孩子的同时也要以身作则，用言传身教来影响孩子，胜过千言万语。陶侃的母亲教育陶侃要洁身自好，在面对自己喜欢吃的糟鱼时也做到了洁身自好，所以陶家的家风才能始终保持纯正。

纪晓岚是清朝时期的学者。他对家庭教育十分看重，给孩子写下了"四戒四宜"的家训："一戒晏起，二戒懒惰，三戒奢华，四戒骄傲。一宜勤读，二宜敬师，三宜爱众，四宜慎食。"

纪晓岚不但对自己的孩子要求严格，自己也总是以身作则。他平时严格按照家训的要求来，早起、勤读、敬师、爱众，并且他一生为官清廉。他和孩子互相监督，使纪家的家风始终很正。

父母是家风的主导者，也是孩子最好的老师。我们要培养良好的家风，并且始终和孩子处于平等的地位，在要求孩子的同时，也用同样的规矩来要求自己。伟人能够做到把自己当成普通人，也能够做到在教育孩子时先给孩子做示范。这样的言传身教，比单纯讲一万遍的道理都更管用，孩子们一下子就能从父母的行为中感受到那种真实的力量。

我们在教育孩子的时候，要把孩子当成大人一样，跟孩子讲道理。教孩子时不把孩子当大人看，给自己设置特权，这是教育的大忌。如果父母在教育孩子时那样做，孩子从小就会羡慕特权，觉得有特权才是好的，失去了人人平等的思想。

在战场上，想要让战士们服从命令，就不能只是以权势压人，而应该带头冲锋。在工作中，想要让手底下的员工努力工作，首先自己就要努力工作。否则，下面的人只会表面服从，心里却不会信服。对孩子也是同样的道理，我们不能做一个高高在上的领导者，而是要和他们站在一起。在用规矩要求他们的同时，我们自己首先要做到守规矩。不仅如此，我们还要接受孩子的监督，然后才能监督他们。

古人说"教学相长"，我们是在教育孩子，但同时也是在教育自己。和孩子遵守同样的规矩，我们就能够严格约束自己，让自己也获得成长。"吾日三省吾身"不容易做到，但为了教育孩子，我们会下意识地严格约束自己，而孩子在监督我们时也会提醒我们，让我们不能偷奸耍滑。

父母的言传身教是影响孩子一生的，我们要引起高度重视，半点也马虎不得。当我们的家风中有了人人平等的理念，和孩子们互相监督，整个家庭都能在这种氛围中变得更好。

家风影响孩子的一生

树立家风需要因地制宜

家风和风俗既有联系又有区别。风俗是在一定地域或群体中长期形成并代代相传的习惯和行为方式，具有民族性和地域性特征。因此，在不同的地域，往往会有不同的风俗。

家风是一个家庭或家族的风气，自然要尽可能和当地的风俗习惯保持一致。特别是对于风俗和主流认知不太一样的地区，比如有少数民族居住的地区，更要注意这一点。

事实上，不同地区的家庭的家风虽然整体上看大同小异，却又有着细微的差别。俗话说："入乡随俗。"如果是从一个地区到了另一个地区，我们的家风也要因地制宜，进行适当调整。

赵锡成是一个传奇人物，他被人们称为"华人船王""航运之子"。他的家庭则被称为"美国华人第一家庭"，让很多华人甚至外国人都感到羡慕。赵锡成的家风很好，家庭教育也很成功，他的六个女儿，有四个是从哈佛大学毕业的。

赵锡成的大女儿赵小兰，毕业于哈佛大学，担任过美国劳工部部长、美国交通部部长，是白宫的"三朝元老"，也是美国历史上第一个进入内阁的华裔女性。二女儿赵小琴，毕业于威廉与玛丽学院。三女儿赵小美，毕业于哈佛大学，曾担任纽约州消费者保护厅厅长。四女儿赵小甫，毕业于哥伦比亚大学，曾担任通用电气高级副总裁。五女儿赵小亭，毕业于哈佛大学和哥伦比亚大学。六女儿赵安吉，毕业于哈佛大学，是福茂集团的董事长。

赵锡成的女儿之所以每个都那么优秀，和他打造的良好家风有很大的关系。赵小兰在接受采访时曾表示："如果要我发表成功感言，我只会说是因为我背后一直有个坚强的男人，他就是我的父亲赵锡成。"

到美国之后，赵锡成在保留中国家风的前提下，对自己的家风进行了调整，使之更符合美国的风俗。其中，最为突出的一点就是要求孩子们更加独立。这种"独立"和中国人家风中的"独立"有些差异。赵锡成对"独立"有很深刻的认识："不能太早就受人伺候，否则很难学会独立！"

他们家虽然有管家，但所有的孩子都要自己洗衣服、打扫房间，因为管家并不是来帮助孩子的，年轻人要自己处理好自己的事情。姐妹几人每天都做好自己的事，上学自己乘坐校车，放学自己读书，还要帮忙做家务。

每天早上，她们都要检查游泳池的设备，将水上的脏东西捞掉。星期天整理院子，把杂草处理干净。她们在父亲的指挥下，将门前长达36米的车道铺成了柏油路。赵小兰的妹妹从十六岁开始负责处理家里的各种账单，还要负责接听家里的电话。赵小兰在上大学的时候，暑假要去打工赚钱，以偿还助学贷款。

赵小兰后来在一篇文章中说："那时我们不见得喜欢，如今想来，大家一起工作，一起交谈，很能领会父亲的良苦用心了。"

家风的核心是不变的，但家风的具体细节可以因地制宜。赵锡成到了美国之后，调整了自己的家风，在保持中国文化的前提下，和美国的风俗完美结合。因此，他的六个女儿不但都能成才，还都完美融入了美国的社会。

中国拥有广袤的土地，在不同的地域也会有不同的风俗。我们如果从一个地方移居到另一个地方，应该先了解一下当地的风俗，然后对自己的家风进行适当调整。如果是去到国外的地方，文化差异将会更加明显，这种调整也就更有必要了。

　　一般来说，不同地区的饮食习惯会不同，服饰风格也有差异，教育观念也可能会有一些区别，还有宗教方面的问题。

　　我们要根据不同的情况，合理调整自己的家风，将自己的家风建设成为和当地风俗习惯完美结合的家风。只有这样，孩子们才能毫不费力地融入当地的社会，从而有更好的发展。

坚守好家风贵在知行合一

知行合一对家风来说非常重要。无论是家长还是孩子,都应该遵守家风家训,知道并且还要做到。这样一来,家风才有意义,也才有约束力。

有的父母在约束自己的孩子时讲得头头是道,自己做时却不能遵守这些规则和道理。于是,孩子就会怀疑父母讲的那些不重要,他也可以不用遵守。如果父母能在行为上印证家风家训,遵守自己定下的规矩,孩子就会学习效仿。于是,家风家训会在家庭中成为"高级指导",每个人都能自觉约束自己。

石奋是西汉时期的官员。他在学问和才干方面并不是很突出,但在教育孩子方面却很拔群。他教出来的几个儿子都拥有良好的品格,并且做官做到了两千石。汉景帝对这种情况有感而发,赞叹道:"石君和四个儿子都是两千石的官员,作为臣子的尊贵光宠都集中在他一家了呀!"从此以后,石奋万石君的称呼就流传开来,后世人也大多这样称呼他。

石奋教育孩子的方法其实很简单,就是给孩子们提出规矩,然后从自身做起,严格遵守规矩,做到知行合一。孩子们见父亲能做得那样好,他们自然也跟着有样学样,逐渐形成了良好的品格,也养成了良好的生活习惯和为官准则。

石奋平时对自己的要求严格到近乎"苛刻"的地步。子孙来拜见他的时候，如果子孙是做官的，他就要穿上朝服来接待，而且从来不直呼姓名。在和子孙一起吃饭时，不管是在什么样的场合，他都会表现得很庄重。石奋在一言一行中都给孩子们做了好的榜样，严格遵守自己家的规矩，所以孩子们也都很听他的话。当孩子们犯错时，石奋不需要严加责备，孩子们很多时候会主动认错，并积极改正。

石奋的家风非常好，他教育出来的孩子个个都很优秀。石奋教育孩子看起来很轻松，因为他能够做到知行合一。虽然也有人觉得他有些古板，但在看到他教育出来的孩子时，就会明白他不是古板，而是在以自己的行为提点孩子们遵守家风家训。

司马迁在《史记》中这样评价石奋："仲尼有言曰'君子欲讷于言而敏于行'，其万石、建陵、张叔之谓邪？是以其教不肃而成，不严而治。"可以说，司马迁对石奋的家教水平十分认可。

王安石是北宋时期著名的政治家。他出生在一个家风良好的家族中，很多王家人都有良好的品德。王安石的叔祖和王安石的父亲都十分爱读书，为人刚正不阿。王安石继承了王家良好的家风，在做官之后也清正廉洁，始终坚守自己的底线。他对自己的家风很有信心，也用这个良好的家风来教育自己的孩子。为此，他曾说："父兄为学众人知，小弟文章亦自奇，家势到今宜有后，士才如此岂无时。"

王安石能够做到知行合一，无论在生活中还是在官场上，他始终严格要求自己。在家里，他对自己的长辈和父母都极为孝顺。他对自己的兄弟姐妹非常好，不管是谁遇到了困难，他都会想办法帮忙。对于晚辈，王安石也是十分慈爱的，同时也会用规矩来严格约束他们。

王安石清正廉洁，对自己要求很严格，生活过得比普通人家还要朴素。

第七章　家风如典籍，做好传承中的建设与修炼

有一次，王安石儿媳家的一个亲戚来拜访他。王安石就请他吃饭。这个亲戚以为王安石会盛情款待，没想到桌上的食物非常简单，没有大鱼大肉，只有两块胡饼、一点肉和菜羹。亲戚对此很是不满，只吃了胡饼的中间部分。王安石却毫不介意地把他剩下的胡饼拿起来吃了。亲戚感到非常惭愧，灰溜溜地离开了。

王安石平时一门心思都在为国家做事上，对于吃穿之类的事完全不放在心上。有一次，有人说王安石喜欢吃鹿肉，因为他在和王安石一起吃饭时，王安石别的菜都不吃，只把鹿肉给吃光了。熟知王安石的人则不以为意，问他那盘鹿肉是不是在王安石面前，让他下次和王安石吃饭，把鹿肉放远一点试试看。结果，那人发现王安石一口鹿肉都没吃，只吃了离他最近的菜。后来，王安石吃饭只吃眼前菜的故事也就流传开来了。

王安石自己能够做到知行合一，所以他在教育子孙时非常省力。他的儿子王雱很有才华，在王安石的影响和良好家风的熏陶下，他的品格也非常好。

王安石能够继承王家良好的家风，并且严格要求自己，做到知行合一。因此，他成了子孙的好榜样，使子孙自觉向他看齐，而子孙也因此拥有了良好的品格。

当家风很好时，教育子女其实并不难。只要我们做家长能做好，孩子们几乎不用督促，自己就会主动做好。在良好家风的熏陶下成长起来，他们的品格和行为习惯也都"不扶而直"，不用父母过分操心。

张居正是明朝著名的政治家。他的家风非常好，对自己和家庭成员也都严格要求，培养出的孩子也都非常优秀。他对家庭教育十分重视，在生活中的方方面面都不忘约束孩子们，使他们养成良好的品格。

张居正在严格要求孩子们的同时，对自己也十分严格。他虽然身居高

位，但清正廉洁，从不以权谋私，也不会利用公务之便做私事。他为了国家富强，推行改革政策，工作非常辛苦，却从无怨言。

张居正一直监督自己的亲人，不让亲人做任何违反制度的事情。当时，明朝有辐射全国的驿递，用来邮递文书和供官员往来。张居正的儿子要去外地参加乡试，路程很远，张居正却嘱咐他不能使用朝廷的驿递。张居正自己出钱雇了马车，送儿子去考试。他还叮嘱儿子，不能惊扰地方上的官员。

还有一次，张居正的弟弟得了重病，准备回家乡治病。为了不耽误时间，有一个巡抚给他弟弟发了手谕。张居正知道后，说服弟弟按规矩办事，将手谕退还给了巡抚。

在给国家纳税时，张居正总是早早地缴纳上去。家里有该服劳役的人，张居正也监督他们去服劳役。

在张居正的严格管理下，他的家风一直都很好，所有家人包括他自己都能做到遵守家风。因此，张居正的几个孩子都很有才能，他的亲人也都品格高尚。

良好的家风需要家庭成员共同维护，要坚守良好的家风，则需要做到知行合一。张居正对自己严格要求，对亲人和孩子们也都严格要求，所以他的家风能真正落实到每一个家庭成员身上，使每个家庭成员都变得十分优秀。

我们要培养自己的家风，使家风纯正良好。同时，我们自己也要遵守家风，并要求孩子向我们看齐。

对家风来说，知行合一无论在任何时候都非常重要，因为只有"知"而没有"行"，家风将成为摆设，没有约束力。当每个家庭成员都能做到知行合一，良好的家风就可以被我们坚守住，并一直传承下去。

好家风要善学、善言、善行

荀子在《劝学》中说:"吾尝终日而思矣,不如须臾之所学也。"意思是我曾经思考一整天,却不如学习一小会儿获得的收获多。可见,学习是多么重要。

人并不是生来就会学习的,父母要教会孩子学习,这样孩子就能自己学习了。我们在家风中要有爱学习、会学习的风气。爱学习就是多读书,并且读经典之书;会学习,就是要让孩子多思考,并且多和孩子讨论。思考和讨论是真正理解的好方法,只要我们经常和孩子讨论,孩子就能对经典理解得更加深刻。

高先生的女儿琳琳是一个很爱读书学习的人,这是受到了高先生的影响。高先生在工作之余,不喜欢看手机,却喜欢看新闻和经典书籍。高先生对女儿读的书会进行严格筛选,只让女儿读那些经典书籍。

琳琳不但爱读书,而且喜欢和高先生讨论。其实这也是高先生引导的结果,刚开始高先生经常主动和女儿谈话,谈谈她今天读书的内容和想法。久而久之,女儿便开始主动和他讨论。

有一天,女儿在读到"三人行,必有我师焉"时,便问高先生:"爸爸,我们只学经典的书籍,可孔子却说,三人行,必有我师,意思是我们要向每个人学习,这和只学经典是不是很矛盾呢?"

家风影响孩子的一生

高先生说:"你这个问题很好,很有想法。我想应该是这样的,当我们没有分辨是非对错的能力的时候,我们只能学习经典,因为经典是经过古人实践检验的,是真理,不太容易错。当我们树立了正确的观念之后,我们看到任何事情时一眼就能分辨它的真假、是非、对错。这时,我们自然就可以'择其善者而从之,其不善者而改之'。小孩子还不具备'择'的能力,分不清什么是'善',什么是'不善',所以要只学经典,不能乱学。"

女儿点了点头,回答道:"非常有道理!"

俗话说"它山之石,可以攻玉",我们每个人都应该善于向他人学习,因为从他人身上我们能够发现自身的不足之处。不过,在那之前,我们先要树立正确的观念。我们应该像高先生说的那样,先读经典的书籍。等到我们心中是非观念很清晰之后,才可以随心所欲地去向他人学习,因为我们那时已经知道了什么该学,什么该引以为戒。

好的家风除了善学之外,还应该善言。父母教育孩子时要说孩子能听懂、愿意听的话。

韩愈是唐朝著名的文学家,"唐宋八大家"之一。他在教育方面有很深的造诣,写的《师说》一文直到今天依旧被人们推崇。韩愈在教育孩子方面也做得很好,他总是能用孩子听得懂的话和孩子沟通。

韩愈的大儿子小时候很贪玩,学习不用功。有一次,韩愈要求儿子背诵一篇文章,然后自己就上朝去了。结果,等他回家时却发现儿子没有在背文章,而是在和别人斗蟋蟀。对此,韩愈并没有发火,他先让儿子背诵那篇文章,看儿子是不是背诵完文章之后才去玩。结果,儿子根本背不出来,急得抓耳挠腮。韩愈还是没有严厉地批评儿子,而是给儿子写了一首诗《符读书城南》:木之就规矩,在梓匠轮舆。人之能为人,由腹有诗

第七章　家风如典籍，做好传承中的建设与修炼

书。诗书勤乃有，不勤腹空虚。欲知学之力，贤愚同一初。由其不能学，所入遂异闾。两家各生子，提孩巧相如。少长聚嬉戏，不殊同队鱼。年至十二三，头角稍相疏。二十渐乖张，清沟映污渠。三十骨骼成，乃一龙一猪。飞黄腾踏去，不能顾蟾蜍。一为马前卒，鞭背生虫蛆。一为公与相，潭潭府中居。问之何因尔，学与不学欤。金璧虽重宝，费用难贮储。学问藏之身，身在则有馀。君子与小人，不系父母且。不见公与相，起身自犁锄，不见三公后，寒饥出无驴。文章岂不贵，经训乃菑畲。潢潦无根源，朝满夕已除。人不通古今，马牛而襟裾。行身陷不义，况望多名誉。时秋积雨霁，新凉入郊墟。灯火稍可亲，简编可卷舒。岂不旦夕念，为尔惜居诸。恩义有相夺，作诗劝踌躇。

诗中讲了两个小孩子，都聪明伶俐，但是一个勤奋好学，一个不学无术，好学的那个能成才，不好学的那个则非常普通。诗中还说，一个人有没有成就并不是看父母是否显贵，主要看自己是否勤奋。儿子读了韩愈写的诗以后深受教育，逐渐改掉了贪玩的习惯。

韩愈用诗来教育孩子，比直接说教更加委婉，孩子也更容易接受，还记忆深刻。他还曾写过一首《示儿》，诗中讲述了自己年轻时的艰苦历程，以此勉励子孙。

韩愈很善于和孩子们沟通，在他的教育下，他的几个孩子都很有长进，后来也都发展得很好。

韩愈很懂说话的艺术，他用诗来表达，不但委婉而且有效。我们应该向韩愈学习，在教育孩子时注意善言，用孩子能接受的语言来达到教育的目的。这样，孩子不会有抵触心理，教育的效果也会事半功倍。

除了善言之外，良好的家风还要善行，凡事以落实到行动为基本原则。

家风影响孩子的一生

　　胡雪岩是清末非常有名的商人。他创办的胡庆余堂，至今依旧是著名的中华老字号，和同仁堂齐名。

　　胡雪岩小时候的家境并不好，他十二岁的时候父亲就去世了，以给人放牛为生。后来，胡雪岩外出闯荡，白手起家，靠经商赚钱。在左宗棠收复新疆的过程中，胡雪岩曾全力协助，深受左宗棠的信任。

　　胡雪岩是商人，所以他非常看重行动和结果。在教育孩子们的时候，也十分注重培养他们的行动能力。

　　他要求孩子们多读书，又要求孩子们将书中所学的内容运用到实践中去，不能只记住知识，要发展为真正的能力。他鼓励孩子们勇于创新，然后去努力尝试。他将具体的商业知识和经营方法传授给孩子们，让他们去到市场中磨炼自己。他还要求孩子们注重团队合作，学会与人相处。

　　在胡雪岩的教导下，他的孩子们头脑灵活，有很多新奇的想法，行动能力也很强，能够和他人默契合作。

　　胡雪岩教育孩子的方法很值得我们学习。他培养孩子们的行动力，孩子们在步入社会之后才不会手足无措。有强大行动力的人，在哪里都能发展得很好。

　　我们要培养自己家的良好家风，在教育孩子时做到善言，让孩子善学也善行，学到正确的思想和知识，并有独立自主的做事能力。在这样的家风影响下，我们的家庭教育会很顺畅，我们的孩子也会成为非常优秀的人。

第八章

家风如茗香，漫品名人传世家风

经典的家风如同茗香，值得我们细细品味。中国古往今来的那些名人，往往都博古通今，有自己独特的思想，同时也给自己的家庭或家族打造出了非常好的家风。我们可以学习这些家风，让它们成为我们家风的指导。

孔子：诗礼传家，文明兴家

孔子，名丘，字仲尼，是我国古代思想家、政治家、教育家，也是儒家学派的创始人。

孔子是一位非常伟大的教育家，也是我们所有中国人的老师。他一生致力于教学工作，教出了很多优秀的学生。《史记》中说孔子有三千弟子，其中有七十二位贤人。这七十二位贤人都非常优秀，被后人称为"孔门七十二贤"。他们是孔子思想和学说的坚定追随者和实践者，也是儒学的积极传播者。

孔子主张"有教无类"，意思是不管是谁，只要愿意跟着学，就可以找他学习。他对自己的学生要求很严格，对自己的家人要求自然也很严格。孔子的家风讲究诗礼传家，文明兴家。

尝独立，鲤趋而过庭。曰："学诗乎？"对曰："未也。""不学诗，无以言。"鲤退而学诗。

他日，又独立，鲤趋而过庭。曰："学礼乎？"对曰："未也。""不学礼，无以立。"鲤退而学礼。

这是孔子和自己的儿子孔鲤的一段故事，叫《孔鲤过庭》。孔子有一次在那里站着，孔鲤快步从院子里走过。孔子问他："学《诗经》了吗？"孔鲤回答说："还没有呢。"孔子说："不学《诗经》，就不会讲话。"

孔鲤就退下去学《诗经》了。又有一次，孔子又一个人站在那里，孔鲤又快步从院子里走过。孔子就问他："学《礼记》了吗？"孔鲤回答说："还没有呢。"孔子说："不学《礼记》，就不知道怎样立身处世。"孔鲤就退下去学《礼记》了。

孔子一次问诗，一次问礼，可见诗和礼都是非常重要的，而孔子也非常重视。在孔子良好家风的影响下，儿子孔鲤自然也不会差。实际上，直到今天，孔子的后人依旧非常优秀。孔子的第七十六代后裔孔令绍继承了孔子的"孔氏家风"，以德为根，以文明兴家。

孔令绍认为，文化传承是家风传承第一位的重要元素。他说："孔氏家风的育人目标，就是把后世子孙培养成儒雅之士。'儒'是智慧与品行的境界，'雅'是修养与气质的高度。"他还说："家教、家风关系到民风、社风，关系到社会和谐。注重家庭家教家风建设，我也希望用自己的努力做出一份贡献。"

在家祭的活动中，孔令绍让自己家族的小孩子也受到儒家文化的熏陶，孙子刚满三岁就让他参加了。这不但是对祖先的尊敬，同时也是对"礼"的一种非常好的传承。

孔令绍对自己的子孙要求十分严格。在带孙子的时候，有一次他发现孙子的书包里多了一个气球，就问孙子这是谁的气球。孙子告诉他是他拿了同学的。孔令绍立即批评他，别人的东西再喜欢也不能拿，如果要拿别人的东西，就要给对方相应的回报。

当今时代是需要中国人重新拾起传统文化的时代，孔令绍不仅对自己的子孙要求严格，也想让家风影响到更多的人。他曾先后到二十多个省、市宣讲孔门的家风，希望让人们更重视家风，并让良好的家风惠及千万家。

从孔子那时候起，孔氏家族和孔氏家风就给我们中华文化带来了不可磨灭的贡献。到了今天，孔子的后裔依然能够对我们的文化起到非常积极

153

的作用，他们可以成为一种文化的旗帜，让我们重新认识到孔子家风的优秀，也让更多的家庭对家风重视起来。

大的家族经久不衰是有它的道理的，孔子被绝大多数中国人奉为老师，他的家族也子嗣绵延，直至今天。我们无需怀疑他的家风，只需要去认真研究和学习，让它的优秀内涵成为我们家风的一部分。

王羲之：敦厚退让，积善余庆

王羲之，字逸少，世称王右军，是东晋时期大臣、文学家、书法家。他的书法闻名天下，可以说是"飘若浮云，矫若惊龙"。他的代表作《兰亭集序》被誉为"天下第一行书"。

王羲之的书法冠绝古今，他的儿子王献之的书法也非常好，特别是行草。王献之和父亲齐名，被人们称为"二王"。

王羲之不但自己优秀，自己的子孙也很优秀，原因就在于他有良好的家风。王羲之是著名世家望族琅琊王氏的子孙，他们有代代相传的家风家训，这是王氏子孙优秀的原因，也是王氏家族兴旺的根本。有人评价说："自开辟以来，未有爵位蝉联，如王氏之盛者也。"据说，琅琊王氏出了九十二位宰相，三十六位皇后，娶了三十六位公主，是中国历史上最为显赫的家族，被人们称为"华夏首望"。

王羲之的家族家风很好，王羲之自己也非常重视教育子孙后代。给子孙留下了"敦、厚、退、让"四个字的家训。

王羲之有一次和好朋友一起去某个地方采药。晚上，他们在一个小客栈里留宿时，遇到了一件事，有两兄弟因为争夺财产打了起来，最后弟弟居然把哥哥给打死了。对此，王羲之感到非常震惊，又有很深的担忧。王羲之对好友说："这两个人如此残忍，不知道我们的后辈会怎么样啊？"

王羲之一直想着这件事情，采药回家以后，他把自己见到的这件事和家里人说了，并且写下"敦厚退让"四个大字，让儿子们一边学习写大字，一边牢记这四个字的意思，并且传承给子孙后代。

不谋万世者不足谋一时，优秀的人总是会想到自己的子孙会怎样。王羲之显然是一位非常优秀的人，他不但想到了眼前的事，更想到了子孙后代的事。

除了给子孙后代留下家训之外，王羲之教育自己的儿子也非常用心，所以王献之才能有那么高的书法造诣。

王羲之的儿子有不少，其中在书法方面最有天赋的是王献之。王献之在七八岁的时候，就开始跟着王羲之学写字。有一次，王献之正在认真写字，王羲之悄悄走到他的身后，突然用手去抽王献之手中的毛笔。如果王献之握笔的方法很对，写字也很专注，王献之是无法将笔抽出来的，而如果王献之没有专心写字，握笔就比较松，一抽就抽走了。王羲之用力一抽，结果王献之的笔握得非常紧，没有被抽掉。王羲之非常高兴，夸奖王献之写字用心，并表示他以后一定会有大成就。

有一天，王献之问母亲，是不是再练上三年就可以了？母亲说不行。王献之又问，那是不是五年就可以了？母亲还是说不行。王献之感到非常奇怪，就问到底要练多久。这时，王羲之走了过来，告诉他："看到院子里的十八缸水了吗？有一天，你练字把这十八缸水用完，你的字有了筋骨血肉，能站得直、站得稳，你就练成了。"王献之虽然不敢反驳，但是心里有些不服气，心想难道我就不能天资聪颖、一学就会吗？

五年之后，王献之写了一沓字，拿给父亲看。王羲之看得直摇头，等看到他写的一个"大"字时，拿起笔来在"大"字下面加了一个点，变成一个"太"字。王羲之把那一沓字还给王献之，让他继续练。王献之更不服气了，把字拿到母亲那里，让母亲评评理。母亲接过字看了起来，最后拿出了那个"太"字，说你写了这么多的字，只有这个"太"字下面的一点和你父亲写得很像。王献之当时就震惊了，知道原来自己的字和父亲的字差距那么大，别人一眼就能看出来。于是，他开始静下心来，专心练字了。后来，他真的把十八缸水用完了，他的书法也变得非常优秀，和父亲的水平不相上下。

优秀的人教孩子，话不一定多，但每一句话都说到点子上，每一个行为都能引起孩子的深思。王羲之的教育显然就有这样的特点。他并没有给王献之提太多的要求，只告诉他十八缸水练完他就能学成。在王献之懈怠的时候，他只用"大"字下的一个点就将儿子的态度改变了过来，堪称是教科书级的教育了。

王羲之给后人留下的"敦厚退让"四个字，让王氏后人受用无穷。后来，后人又加上了"积善余庆"四个字，取"积善之家，必有余庆"之意。这八个字的家训，让王氏家族一直非常兴旺，也影响到很多以王氏家族的家风为榜样的人家。

诸葛亮：淡泊明志，学以广才

诸葛亮，字孔明，号卧龙，是三国时期蜀汉丞相，中国古代杰出的政治家、军事家、发明家、文学家。

诸葛大名垂宇宙，宗臣遗像肃清高。
三分割据纡筹策，万古云霄一羽毛。
伯仲之间见伊吕，指挥若定失萧曹。
运移汉祚终难复，志决身歼军务劳。

这是诗圣杜甫写诸葛亮的一首诗。诸葛武侯的大名宇宙皆知，万古流芳。他高洁的品格令人非常敬仰，他的塑像也跟着高洁起来。三分天下是他运筹帷幄的结果，他如同鸾凤一样翱翔于九天之上，万古长存。他的才能和伊尹、吕尚一样，他指挥若定的样子连萧何和曹参也甘拜下风。怎奈汉朝的气数已尽，难以恢复汉室，他的意志却始终非常坚定，最后因为军务繁忙而以身殉职。

诸葛亮的品格非常高洁，十分有德行。刘备三顾茅庐请他出山，他就用一生为天下苍生谋福利，想要结束战乱，恢复汉室。刘备去世以后，他又尽心尽力辅佐刘备的儿子刘禅。尽管最后他没有成功恢复汉室，但他的高尚品德被中国人始终铭记。直到现在，人们还在感念他的恩德，在诸葛亮当初七擒孟获的那些地方为他设立祠堂。

诸葛亮淡泊名利，一生俭朴。在隆中的时候，他就是自己种地，日子过得很清贫。出山之后，他依旧过得很节俭。淡泊明志，宁静致远，这是他的座右铭。他不但对自己要求很高，对自己的儿子也要求严格。

夫君子之行，静以修身，俭以养德。非淡泊无以明志，非宁静无以致远。夫学须静也，才须学也，非学无以广才，非志无以成学。淫慢则不能励精，险躁则不能治性。年与时驰，意与日去，遂成枯落，多不接世，悲守穷庐，将复何及！

这是著名的《诫子书》，是诸葛亮写给自己的儿子诸葛瞻的。意思是，君子为人做事，应该做到用内心的安静来修养品性，用俭朴来培养品德。如果不淡泊名利就不能有坚定的志向，如果不内心宁静就无法走得远。学习需要内心宁静，而才能需要学习得来，如果不学习就无法让自己的才能丰富深厚，没有远大的志向就不能够学有所成。纵欲放荡、消极怠慢就不能磨炼自己的精神，草率冒险、内心浮躁就不能陶冶自己的性情。当年华随着时间不断逝去，意志也随着时间逐渐凋零，就会像枯枝败叶那样零落衰败，对世界没有什么贡献，只是自己凄凄惨惨地守在自己的破房子里，再悔恨就晚了！

诸葛亮说得情真意切，可以看出他对儿子的殷切期望。诸葛瞻出生的时候，诸葛亮已经四十多岁了，儿子年纪还小，诸葛亮一直担心儿子不能成大器。不过，诸葛瞻没有辜负父亲的期望，也成为一个道德品行非常好的人。在诸葛亮去世之后，诸葛瞻继承了他的遗志，继续辅佐刘禅。

胜败乃兵家常事，这不算什么。当时蜀汉逐渐走下坡路，失败也是情有可原。诸葛亮一生公务繁忙，根本没有时间陪伴自己的家人，但他却能将自己的子孙都教育成有道德的人。我们现在有不少家长总是推说没时间陪孩子，所以孩子不能成才，其实这两者并没有直接的联系。我们只要能够营造出良好的家风，就算没时间陪孩子，孩子也能自己成长起来，变得优秀。

　　诸葛亮本身就是子孙的榜样，再加上良好的家风，子孙后代自然能够在这种环境下成长为有道德、有信仰的人。我们也要学习诸葛亮的高尚品格，培养孩子的道德修养，让自己的家风品格高洁，也让自己的子孙后代品格高洁。

范仲淹：先忧后乐，清廉节俭

范仲淹，字希文，是北宋时期杰出的政治家、文学家。他倡导"先天下之忧而忧，后天下之乐而乐"，并主张清廉节俭，对范氏的子孙后代影响很大，对中国人的影响也很大。

范仲淹的文章写得非常好，《岳阳楼记》就是他的名篇，至今被人们传诵。除了有学问，他带兵打仗也非常厉害，在西北担任边防主帅的时候，他根据当地的特点，提出了"积极防御"的策略，在关键的地方修筑城寨，以防御代替进攻。他还改革军队制度，并建立营田制，让军队无需再为军需发愁。在他的治理下，军队变得非常强大，一直到北宋末年，这支军队依然非常强。当时有民谣说："军中有一范，西贼闻之惊破胆。"羌人称呼他"龙图老子"，夏人则称呼他"小范老子"，都觉得他打仗特别厉害，不能和他交手。

"先天下之忧而忧，后天下之乐而乐"并非只是说说而已，范仲淹心系百姓，为百姓做过很多实事。有一年天下大旱，很多地方都闹了蝗灾，特别是江淮和京东一带的灾情极为严重。范仲淹希望宋仁宗能够派人去视察灾情，并开仓赈灾。宋仁宗无法理解百姓疾苦，心里不太在意。范仲淹就问："如果宫中停食半日，陛下该当如何？"一下子把宋仁宗问住了，他似乎体会到了不吃饭是不行的。于是，宋仁宗就派范仲淹前去赈灾，范仲淹在赈灾之余，将灾民们吃的野草带回朝廷让大家都看看，意思是不要在宫里那样奢靡了，百姓都在吃草了。

范仲淹在泰州的时候，征调了四万多人重修捍海堰。修的时候非常困难，修筑起来的部分河堤被大水冲垮，大雨又让流沙横淤。征调的民工冻饿劳累，死了两百多人。于是，有人就开始反对修堤。宋仁宗派人过来查看，最后决定继续施工。但情况还是非常困难，范仲淹在大雨之中亲临现场监督，没有钱了就自己贴钱。经过三年的艰苦努力，捍海堰终于修筑成功。正因为这条堤坝，附近的百姓过上了更安稳的生活。人们为了感谢范仲淹，将这条堤坝取名为"范公堤"，还给范仲淹修建了祠堂。

范仲淹晚年在苏州买了处宅子，准备在这里度过晚年。有人说他的这个宅子风水很好，住在这个宅子里，子孙后代能够当大官。范仲淹一听这话，就决定把宅子改建成学堂，说一家富贵没什么意思，不如让这里的人们都富贵。这话很符合他"后天下之乐而乐"的思想。

范仲淹自己心系天下，一心为大众服务，生活俭朴，对自己的子孙后代当然要求也很高。当然，他的子孙后代表现也非常好，基本以他为榜样，继承了他的良好品格。

范仲淹的次子范纯仁也是一个很优秀的人，不过他不依靠父亲的名气出来做官，而是在父亲去世之后才出来。在举办婚礼的时候，范纯仁不敢使用太大的规模，只买了两件稍微好点的衣服和罗绮幔帐。即便如此，范仲淹还是觉得罗绮有点奢侈了，不符合家风，让他再俭朴一些。

范仲淹曾经将几千亩地作为公益田，给人们耕种，使百姓免受饥寒之苦，名叫"义田"。他的子孙后代都在维护这些田地。到了南宋时期，受到战乱的影响，义田已经所剩无几。范仲淹的第五世孙便毫不犹豫将自己的财产都捐了出来，把义田的数量恢复如初。到了明朝时期，义田又在战乱中经历了一次破坏，而范仲淹的子孙再次尽最大的努力将它恢复如初。

第八章　家风如茗香，漫品名人传世家风

在范仲淹良好家风的影响下，范式子孙一直在默默做着为大众服务的事情，而范氏家族也因此受到当地人的尊敬。尽管朝代更替，但范氏家族一直子嗣绵延，经久不衰。

当一个人的品格高洁时，他能够影响的其实不仅仅是自己的家人和家族，还能够影响到一个地方，甚至一个国家的人。范仲淹的家风影响的显然不只是他的子孙后代，凡是知道范仲淹善举的那些人都会受到他的影响。这或许就是"修身、齐家、治国、平天下"了，用自己的品格，对更多的人产生正向的影响。

范仲淹一生节俭，为大众服务，他的子孙后代自然也以做他的后人为荣。这就是为什么，他的子孙能一直维护住他所创建的义田。家风的影响可以历经千万年而存在，我们都应该认识到这一点，并充分重视起自己的家风。

欧阳修：勤学敬业，克己奉公

欧阳修，字永叔，号醉翁，晚号六一居士，是北宋政治家、文学家、史学家。他是唐宋八大家之一，著名的《醉翁亭记》就出自他之手。他不但自己文学水平很高，也非常重视对后生晚辈的提携。苏轼说他是"事业三朝之望，文章百世之师。"

欧阳修四岁时，他的父亲就去世了，但这并没有使母亲放弃对他的抚养和教育。家里没有钱供他读书写字，母亲就用池塘边的荻草秆代替笔，在沙子上教他认字、写字。除此之外，母亲还将父亲的思想观念教给他，告诉他要清廉自守，对长辈要孝顺，对待他人要宽厚仁爱。后来，欧阳修认字多了，就去有钱人家里抄书，但是往往还没有抄完，他就已经将书中的内容背诵下来了。他小时候所写的文章，已经达到了和成年人差不多的水平。

欧阳修自小勤学，后来做了官，克己奉公，人品修养都非常好。他提携后进，可以看出他心胸宽广，而他遇事敢于直言，则证明他是一个非常正直的人。在范仲淹被贬官的时候，他替范仲淹申辩，也被皇帝给贬了。后来，他入朝复职，但又因支持范仲淹新政被皇帝贬官。后来，他又被朝廷召回。从朝廷反复贬他的官，又反复召回他，可以看出他是一个很有才华的人，就是皇帝觉得他太耿直了，有点受不了。

"玉不琢，不成器；人不学，不知道。"然玉之为物，有不变之常德，虽不琢以为器，而犹不害为玉也；人之性，因物则迁，不学，则舍君子而为小人，可不念哉！

这是欧阳修写给亲人的一段话，意思是，玉如果不经过雕琢，就不能变成器物，人如果不学习，就不会明白自然之间的道理。但是玉这种东西有非常好的德行，能够始终保持自己的本性不变，即便是不把它雕琢成器物，它也始终能够做玉。人的品性，会因为时间和环境等因素变化，如果不学习，就会从君子逐渐退化成小人，能不重视吗！

从欧阳修的这段话就能够看出，他对品德修养是非常在意的。如果一个人不学习，就会逐渐从君子变成一个小人，这是难以接受的，所以每个人都应该勤学，应该培养自己的良好品德。

欧阳修一生为官清廉，他的家人对他的清廉也很支持，整个家庭的风气都非常好。

欧阳修无论对自己还是对亲人，都有非常严格的要求。正因如此，他的家风一直都非常正，也有着如玉般的人格。我们应该以欧阳修为榜样，注重自己的人格，而不要把心思都放在金钱上。

欧阳修虽然生活过得很清贫，但家人却没有丝毫怨言，这样的家风足以使人感到自豪。一个家庭可以有兴衰，但人的品格不可以变低。只要始终有高尚的品格，家庭迟早会兴旺起来。可一旦品格变低下，即便现在家庭很富有，很快也会衰败下去。

曾巩：正己修德，廉洁爱民

曾巩，字子固，世称南丰先生，是中国北宋史学家、政治家。他是唐宋八大家之一，文章写得非常好。

曾巩生活在一个大家族当中，祖父和父亲都当过官。他的家风很纯正，对子孙的品格要求严格，同时要求为官者要廉洁爱民。

曾巩的祖父在外地做官，在母亲过生日的时候，回家给母亲祝寿。人们看到他和仆人都骑着很瘦弱的马，穿着也很朴素，就有点看不起他，嘲讽他太穷了。就像现在有些人嘲讽别人开便宜的车，穿不是名牌的衣服。母亲却为他感到骄傲，表示儿子当官却能这样清贫，说明他是一个好官，整个家族都感到非常荣耀。假如他平时搜刮民脂民膏，现在骑着高头大马，穿着漂亮的衣服回来祝寿，那才和自己平时教导的不一样，应该感到耻辱！

曾巩的祖父有这样好的品德，他们曾家的家风也一直都很好。曾巩在这种良好家风的影响下，自然也很容易被熏陶成有良好品德的人。

曾巩小时候非常聪明，诵读诗书一学就会，而且学习也非常刻苦，并没有像一些聪明的小孩那样，不肯下苦功。在他十二岁的时候，曾巩就能写出非常不错的文章。二十岁的时候，曾巩的名气已经很大了，很多人都知道他文章写得好，但在后来的科举考试中却屡考不中。再后来，他的父亲去世了，他就回家侍奉继母，抚养四个弟弟和九个妹妹。他对待继母如同亲生母亲，一直非常好。尽管家境不好，他依旧将弟弟妹妹们抚养长大，尽职尽责。

"百善孝为先"，能够对继母像亲生母亲一样侍奉，能够给弟弟妹妹慈父一般的关爱，可见曾巩的个人品德非常好。后来，他还在给弟弟的一首诗中这样写道：

我与子事亲，未饱藿与薇。
常苦去左右，辛勤治鞍鞿。
子行何时反，我眼日已晞。
应须毕秋刈，相见慰依依。

这几句的意思是，我和你侍奉父母，没有给父母优厚的生活待遇，还经常不能陪在他们左右，常年在外面奔波谋生。你什么时候才能回来，我已经等得望眼欲穿。应该秋收之后你就回来了吧，这样就可以慰藉父母的期盼之情了。这首诗是提醒弟弟在外奔波时不要忘了父母，而这也是家风中以孝为本和他自己孝心的一种体现。

欧阳修主持科举考试的时候，曾巩终于考中了进士。做官期间，他一直廉洁奉公，勤于政事，对百姓的疾苦非常关心，总是想办法帮百姓解决问题。

曾巩在越州做通判的时候，刚一上任就去民间走访，体察当地百姓的生活状态。他发现这里的赋税主要是从酒坊征收的，但这个钱非常有限，根本就不够衙门的开支。衙门将不够的钱分摊到当地百姓的头上，一开始限定了七年的时间，但到了时间之后，衙门依旧向百姓征收重税，使得百姓生活苦不堪言。曾巩知道这件事之后，立即停止征收这样的赋税，让百姓能够免于剥削。

很快，这里就碰上了饥荒年，灾情严重。于是，曾巩让人张贴告示，命令各县的富户将自己家粮食的储存情况如实上报。富户们将自家的粮食储存情况纷纷报了上来，曾巩知道以后，发布了一条命令，让这些富户按照比正常粮食价格略微高一点点的价格卖给大家。这样受灾的人就可以就近购买粮食，不会饿死。除此之外，曾巩还筹集了资金，为百姓购买种子，让百姓能够继续种田。

可以看出，曾巩关心百姓的疾苦，而且办事很有方法，是一个不错的父母官。除了帮百姓解决生存问题之外，曾巩还兴办学校，为国家培养人才。在他的培养下，有一大批人才涌现出来。他治学很严谨，要求学生们有深刻的思想，对经典的理解不能流于表面。他的学习理念影响了当时很多的人，使得学生都成了善于思考，有思想、有内涵的人。

曾巩自己做得非常好，无论是做人还是做官，都一身正气。他对子孙后代的要求也是如此。他在文章中多次赞扬自己祖父的美德，说祖父深知政治得失、天下兴亡的道理，总是以"忧怜百姓"作为根本思想。这种夸奖，用意非常明显，就是要子孙后代将这样美好的品德作为家风，一直继承下去。

第八章　家风如茗香，漫品名人传世家风

曾国藩：孝友勤俭，读书明理

曾国藩，字伯涵，号涤生。他是战略家、理学家、文学家，也是湘军的创立者和统帅，被誉为"晚清第一名臣"。

曾国藩严于律己，有很好的修养，对国家也有很大的贡献，并且给后人留下了很多著作。很多人都在学习曾国藩的思想和著作，并从中汲取营养。

曾国藩对自己要求严格，对自己的亲人也要求严格，他写给亲人的家书被整理成《曾国藩家书》出版，受到了很多人的喜爱，也为很多家庭提供了家风和家训的参照。

在家风当中，曾国藩最重视的就是孝悌，"孝"是孝敬父母，"悌"是兄弟友爱。他认为人人都应该孝敬父母，对兄弟姐妹友爱。在曾国藩写的家书中，写给弟弟的非常多，由此可见他对弟弟是非常关爱的。

天下官宦之家，一般只传一代就萧条了，因为大多是纨绔子弟；商贾之家，也就是民营企业家的家庭，一般可传三代；耕读之家，也就是以治农与读书为根本的家庭，一般可兴旺五六代；而孝友之家，就是讲究孝悌的、以和治家的家庭，往往可以绵延十代、八代。

这是曾国藩的一段论述，大概意思是讲究孝悌的家庭可以有更强大的生命力。这其实和"道德传家，十代以上"有异曲同工之处。

除了孝悌之外，曾国藩特别重视勤俭。他所认为的勤俭不仅仅是勤劳和俭朴，还包括作为家长要勤于带头做事。比如对于家规，家长要勤于带头按照家规来做事，这样其他人才能跟着做，整个家庭才会有良好的风气。

曾国藩还特别重视读书明理，基本上所有优秀的人都会注重这一点。

曾国藩能够做到孝友勤俭和读书明理，对家人的要求也是如此，对家风的要求同样如此。他总是在和家人的书信中不厌其烦地讲道理，为的就是让每一位亲人都有正确的思想，让整个家的家风都保持纯正统一。

一个人先"修身"，接下来就是"齐家"。像曾国藩这样的名臣，基本上已经做到了"平天下"那一步，"齐家"自然也不在话下。人一旦有了深刻的思想，就会想将这种思想教导给自己的亲人，这是人之常情，关键是我们怎样去教。曾国藩用他的方法告诉我们，可以这样教，一边用家书和家人谈论问题，一边用家风来约束家人，还用自己的以身作则和勤于带头来影响家人。

当我们用家风将整个家都带到正轨，并通过家风和教导，可使每个人都拥有道德和正确的思想，进而达到精神的升华。

联合出品人

张文强

搜狐《职场一言堂》栏目总策划、主持人

互联网实验室数字营销研究中心执行主任

曾任搜狐集团总公司培训负责人,搜狐搜狗搜索全国业务渠道培训负责人,《智汇微视频》《智汇悦读》栏目总策划,《名家在线》栏目特聘策划、主持人;时代光华教育集团特聘讲师;曾荣获搜狐集团最佳创新项目奖。

吴永生

郑州合众企业管理咨询有限公司董事长

郑州市合创汇孵化器有限公司联合创始人,河南家教家风文化研究院执行院长,好家风传承的倡导者和推动者。

梁金平

北京慧人教育科技研究院院长

SPC 学习模型创造者

他博采众长,潜心钻研教育理论,通过大量实践,提出全新的教育理念。他为青少年设计出一套自我管理系统,使许多学生逐渐走上自我管理的道路,学习成绩大幅提高。

黄圣恩

企业管理培训师

中华传统文化传播者

惠州市企家盛管理有限公司创始人兼首席教育官

个人终身成长倡导者，组织终身成长推动者，清华大学深圳研究院 EMBA，首批国家级认证高级企业学习官 CLO，ACFT 国际行动教练协会认证教练、认证讲师。曾担任西贝餐饮西贝梦想大学华南校区院长、百安居（中国）装饰建材经理人、行动教育企业大学项目专家顾问。

李涛

企业管理实战型导师

青少年心灵成长导师

九点阳光课程创始人

曾担任广东肇庆市妇联特聘辅导心理辅导老师，在心理学领域也颇有造诣，先后获得多个国际心理学课程认证，并荣获中华大地之星"百佳名师"称号。自 2006 年至今，李涛成功推出"九点阳光青少年领袖特训营""德行天下，从头做起"等大型青少年主题活动，并被中央电视台第二频道（《马斌读报》栏目）、广东电视台、南方电视台、《南方都市报》、《广州日报》等多家媒体报道，社会反响强烈，效果显著。曾出版图书《人对了，世界就对了》。

艾玉

许昌市孔子书院副院长

从事企业培训 10 年，培训过十万多名学员，辅导过数百家企业，擅长打造极致客户体验，助力企业招商及团队打造，以利他模式构建高收益幸福企业。致力于商业模式设计与运营，让组织平台化、平台创客化，让人人成为经营者，人人价值最大化。

滕超臣

博思人才创始人

中国招聘服务领域资深专家

他深耕人才领域 30 年,对家庭与个人成长领域有着深刻的洞察力。他曾带领 12 岁女儿骑行 926 公里,从郑州花园口到山东东营黄河入海口,用坚持与陪伴传递坚韧与责任的力量。凭借丰富经验与专业见解,积极参编家教家风类图书,致力于从家庭文化视角为家长提供培育孩子的实用思路,助力优良家风传承。

金云哲

北京思享智汇文化发展有限公司总经理

中国国际经济技术合作促进会健康科技工作委员会副秘书长,从事培训管理咨询 20 多年,为多家企业提供管理咨询与培训服务。

齐夏清

青少年赋能及亲子教育专家

中国东方文化研究会科技赋能文化发展委员会秘书处负责人,长期从事文化研究与家庭教育研究,为众多家庭提供家庭教育指导与培训活动。

李尚谋

品牌 IP 商业化专家

文化活动策划专家

品牌中国联盟、《中国酒业》杂志专栏专家，传媒大学旅游中心智库专家。曾任职于中央媒体、互联网独角兽企业及品牌顾问服务机构，积累了丰富的品牌 IP 策划与建设经验。提出"IP 形象＋剧情化"的城市品牌和新文旅 IP 建设新模式，参与策划《我不是坏孩子》家庭教育话剧，并主导众多传统文化推广活动。在多家专业平台发表行业观察文章，曾出版图书《人生就像一辆汽车》。

王一恒

商业体系架构师

资深家庭教育导师

天使投资人，人性领导力课程研发人、主讲专家，曾发起成立家风教育研究机构，并参与多场家庭教育公益讲座，2022 年起陪跑落地企业体系成功升级超 30 家，曾出版《中国式经理人》《口碑化》等图书。